조용한 공포로 다가온 바이러스

Uirusu no imiron by Yamanouchi Kazuya

Copyright ⓒ2018 Yamanouchi Kazuya

Original Japanese edition published by Misuzu Shobo, Ltd.

Korean edition was published by arrangement with Misuzu Shobo, Ltd.

생명의 정의를 초월한 존재

조용한 공포로 다가온 바이러스

야마노우치 가즈야 지음 | 오시연 옮김

하이픈
HYPHEN

서문

바이러스와 함께 살다

우리는 '바이러스'라는 말을 들으면 '정체를 알 수 없는 불길한 병원체'라는 이미지를 먼저 떠올린다. 이것은 에볼라바이러스^{Ebolavirus}로 인한 출혈열이나 신종 플루, 노로바이러스^{Norovirus}로 인한 집단 식중독 등 충격적인 뉴스만 주목받을 뿐, 정작 놀랄 만큼 다양한 바이러스의 생태는 제대로 알려지지 않았기 때문이다.

그래서 이 책은 바이러스란 어떤 존재인지 소개하고, 바이러스의 관점에서 현 생태계와 지구의 진화 과정과 급속히 발전한 문명을 함께 살펴보고자 한다. 그 내용을 간단히 정리하면 다음과 같다.

바이러스는 19세기 후반에 처음으로 발견되었다. 그리고 20세기에는 사람, 동물, 식물이 걸리는 질병의 원인이 '바이러스'라는 점에 초점을 두고, 빠르게 바이러스 연구를 진행했다(제2장). 이 시대의 가장 큰 성과는 1980년에 선언된 천연두 근절이라 할 수 있다(제9장).

21세기가 되자 바이러스학은 새로운 시대를 맞았다. 인간 게놈(인간의 모든 유전 정보)을 해독할 수 있게 되었고, 유전자 해석 기술도 함께 발전했다. 그러자 바이러스 게놈 역시 쉽게 해석할 수 있어, 짧은 시간에 바이러스의 생태에 관한 새로운 정보도 축적하게 되었다. 정보의 축적으로 인해 '바이러스=병원체'라는 기존 이미지는 바이러스가 가진 진정한 모습이 아닌 한쪽으로 치우친 것임이 드러났다(제1장, 제6장).

바이러스의 진짜 모습은 무엇일까? 사람들은 오랫동안 '바이러스는 세균보다 훨씬 작고 단순한 존재'라고 생각했었다. 그런데 최근 미세한 세균보다 큰 '거대 바이러스'가 연달아 나타났다(제7장). 또 일반적으로 생물이 살기 어려운 온천처럼 극한 환경에서 사는 바이러스도 발견되었다(제7장). 이렇게 기존 상식을 뒤집은 이 바이러스들의 존재는 생물과 생명의 정의에 관해, 또 생명의 기원에 관해서도 새로운 문제를 제기한다(제3장, 제4장).

육지뿐 아니라 바다에도 셀 수 없이 많은 바이러스가 존재한다. 바다는 지구 최대의 바이러스 저장고이자 해양 바이러스가 지구 온난화 등 기후 변동에도 연관되었을 가능성도 제기되었다(제8장).

우리 몸에도 장내 세균腸內細菌이나 피부상재균皮膚常在菌에 기생하는 바이러스의 수는 어마어마하게 많다. 그중 일부는 건강을 유지하는 데에 영향을 줄 수도 있다(제10장).

즉 우리는 바이러스에 둘러싸여 바이러스와 함께 살고 있다. 이 책에서는 기존의 인간을 중심에 둔 관점이 아닌, 바이러스를 '생명체'라는 관점에서 보고, 바이러스의 이모저모를 전체적으로 알아보고자 한다.

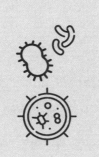

제1장
신기하고도 이상한 삶과 죽음

·
·

　19세기 후반에 처음 발견된 바이러스는 소가 잘 걸리는 급성 전염병 중 하나인 구제역口蹄疫과 담뱃잎에 반점이 생기는 담배모자이크병이 원인이다. 사람들은 이 물질을 라틴어로 '독'을 뜻하는 '바이러스Virus'라고 명명했다. 그로부터 반세기 동안 바이러스는 많은 사람에게 '아주 작은 세균의 일종'으로 인식되었다.

　그러나 바이러스와 세균은 전혀 다른 물질이다. 세균을 포함한 모든 생물의 기본 구조는 '세포'다. 세포는 영양분만 있으면 혼자 분열하고 증식할 수 있다. 이런 일이 가능한 이유는 세포가 세포막 안에 세포의 설계도(유전 정보)인 핵산(DNA)과 단백질 합성 장치(효소)를 갖고 있기 때문이다.

　반면 바이러스는 혼자 증식할 수 없다. 바이러스는 유전 정보를 가진 핵산과 그것을 뒤덮는 단백질이나 지방을 담는 그릇으로 형성된 미립자微粒子에 지나지 않는데, 설계도대로 단백질을 합성하는 장치가 없기 때문이다. 그러나 바이러스는 일단 세포에 침투하는 데 성공하면 세포의 단백질 합성 장치를 납치해 바이러스 입자의 각 부품을 합성하고 그것들을 조합해서 대량으로 증식한다. 그래서 바이러스는 '빌려 쓰는 생명'이라고도 불린다.

바이러스도 어떤 의미에서는 '살아 있으며' 그런 이유로 언젠가는 '죽는다.' 그러나 그 방식은 생물이 죽고 사는 것과는 차이가 있다. 열에 취약한 바이러스는 세포 밖에서는 오래 살지 못한다.

바이러스는 세포 안에서만 살 수 있다

바이러스는 핵산이 DNA로 이루어진 것과 RNA로 이루어진 것으로 나뉜다. 천연두바이러스Variolavirus와 헤르페스바이러스Herpesvirus는 DNA 바이러스에 속하고, 인플루엔자바이러스Influenzavirus와 홍역바이러스Measlesvirus는 RNA 바이러스에 속한다. 핵산은 캡시드Capsid라는 단백질 껍질에 싸여 있는데, 이 중 많은 핵산이 외피Envelope에 한번 더 싸여 있다. 그래서 후자를 외피바이러스라고 한다.

바이러스 입자가 세포 밖에 있을 때, 그것은 물질 덩어리에 불과하다. 그래서 단백질을 결정화하는 기술을 이용해 결정으로 만들 수도 있

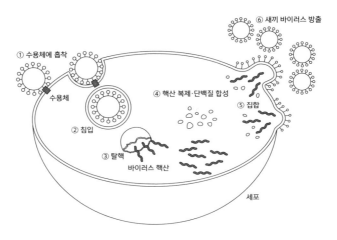

[그림 1] 바이러스 증식 과정

다. 그러나 바이러스 입자가 일단 세포에 들어가면 눈이 휘둥그레질 정
도로 활발하게 움직이면서 엄청난 수의 새끼 바이러스를 생성한다. 이
들의 독특한 증식 과정을 살펴보자[그림 1].

먼저 바이러스는 세포 표면에 있는 수용체 단백질에 달라붙는다. 열
쇠와 열쇠 구멍 관계에 빗대어 설명하자면, 바이러스 입자 표면의 특정
부분이 열쇠, 수용체는 열쇠 구멍이라고 할 수 있다. 바이러스는 각각
특정한 수용체를 표적으로 삼는다. 열쇠에 맞는 열쇠 구멍을 가진 세포
를 감염시키는 것이다.

세포 안에 바이러스가 침입하면 세포의 단백질 분해 효소에 의해 껍
질(캡시드)이 분해되고, 안에 있는 핵산이 드러난다. 이 단계를 '탈핵脫

^核'이라고 한다. 바이러스의 핵산과 단백질이 흩어지면서 감염력이 있는 바이러스는 사라진다. 이처럼 세포에 침입한 바이러스의 존재가 확인되지 않는 기간을 암흑기^{Eclipse period}라고 한다.

DNA 바이러스의 경우, 핵산은 아데닌(A), 티민(T), 구아닌(G), 시토신(C)이라는 네 가지 염기가 이어져 있고, ATGC라고 표기한다. RNA 바이러스에는 티민(T) 대신 우라실(U)이 들어간다. 예를 들어 홍역바이러스에는 이 기호가 약 1만 5천 개나 이어져 있고, 이것이 단백질 구조를 지시하는 '설계도' 역할을 한다. 이 설계도에 따라 세포 효소는 바이러스 단백질이나 바이러스 핵산을 대량으로 합성한다.

또 새로 합성된 핵산과 단백질로 바이러스 입자가 조합한다. 이 단계에서 암흑기가 끝나고 어마어마한 수의 감염성 바이러스가 세포에서 방출된다. 외피바이러스는 바이러스 입자가 방출될 때 세포막 성분을 빼앗아서 형성된다.

암흑기는 생물에선 볼 수 없는 바이러스 특유의 증식 과정이다. 모체 바이러스가 일단 자객처럼 모습을 감춰야 새끼 바이러스가 태어날 수 있다. 보통, 바이러스 한 개가 세포를 감염시키면 대여섯 시간 만에 1만 개 이상의 새끼 바이러스가 태어난다. 이 바이러스들이 주변의 다른 세포들을 감염시켜 반나절 만에 100만 개나 되는 새끼 바이러스가 생성된다. 바이러스는 세포 내에서 가히 폭발적이고 상상을 초월하는 속도로 증식한다.

바이러스 핵산이 세포 안에서 복제될 때 복제 실수가 일어나 변이 바이러스가 태어나기도 한다. 단기간에 방대한 바이러스 집단이 탄생하므로 복제 실수가 있는 핵산을 가진 변이바이러스도 계속 태어난다. 또, 단기간에 세대교체를 반복하면서 변이바이러스가 그 집단에서 많이 자리 잡으면 이제 신종 바이러스가 출현한다. 그야말로 바이러스는 자유자재로 변모하는 생명체라 할 수 있다.

반면, 세포 밖에서의 '바이러스 입자'는 생명체다운 활동을 전혀 하지 않는다. 그래서 그들은 물질처럼 보인다. 그러나 마치 씨앗이 그렇듯이 싹을 틔울 수 있는 환경을 만나면, 생명체로의 바이러스가 모습을 드러낸다. 세포 밖에서의 물질 같은 상태를 가리키는 '바이러스 입자'와 세포 안을 장악해 날뛰는 상태를 가리키는 '바이러스'라는 용어는 각기 다른 의미인 셈이다.

세포 밖에서 죽는 운명

바이러스를 '죽었다'고 판단하는 기준은 무엇일까? 세포에서 방출된 바이러스는 입자여도 감염력이 있다. 바이러스는 특히 열에 약하므로 60도 정도에서는 껍질(캡시드)의 단백질이 몇 분 안에 변성해 세포에 흡착하지 못한다. 때로는 세포 속으로 침입할 수는 있어도 껍질을 벗을 수 없다. 즉 감염이나 증식 활동을 할 수 없다. 이것이 바로 '바이러스의 죽음'이다. 뒤집어 말하자면, 감염력만 있다면 활동하지 않아도 살아 있다고 판단한다.

바이러스의 감염력은 일반적으로 60도에서는 몇 초, 37도는 몇 분, 20도면 몇 시간, 4도에서는 며칠간 유지된다. 물론 뒤에 나오는 노로바이러스처럼 장기간 외부 환경에서 생존하는 경우도 있다.

바이러스는 자외선이나 약품으로도 쉽게 죽는다. 이를 전문 용어로 불활화不活化라고 한다. 살균등(정확하게는 살滅바이러스등)은 자외선을 조사해 바이러스를 불활화하는 도구다. 그래서 기침이나 재채기를 할 때 방출된 바이러스는 태양의 자외선을 받으면 금세 불활화한다. 이것은 대기 중 오존에 의한 산화 작용에도 효과적이다. 외피에는 지질이 함유되어 있어 인플루엔자바이러스 등 외피바이러스는 세제를 이용하면 쉽게 불활화할 수 있다.

이렇게 바이러스는 숙주인 몸에서 바깥으로 나가면 금방 죽어 버린다. 그러므로 냉장 설비가 없는 상황에서는 바이러스를 보존하거나 운송하기 어렵다. 가장 확실한 방법은 인간이나 동물을 바이러스에 감염시켜서 이동하는 것이었다. 역사적으로 유명한 예를 살펴보자.

천연두 백신 배포

1796년, 에드워드 제너^{Edward Jenner}는 우두에 걸린 소의 고름^{(농)◆}을 사람에게 접종하면 천연두를 예방할 수 있다는 것을 처음으로 보여 주었다. 그러자 사람들은 제너에게 천연두 백신을 보내 달라고 요청했다. 처음에는 우두가 발병한 부위의 장액^{漿液, 맑은 액체}을 상아 끝에 묻혀서 건조한 것이나 유리판에 바른 장액을 완전히 말린 다음, 접착력이 강한 아라비아풀로 만든 얇은 막을 얹어 보냈다. 하지만 목적지에 도착했을 무렵에는 그렇게 보낸 백신의 효력이 종종 사라졌다. 백신 효력이 사라지지 않는 가장 확실한 방법은, 아이에게 우두 농을 접종(종두)한 뒤 곧바로 잠복기인 그 아이를 목적지로 보내는 것이었다. 그 후 아이가 목적지에 도착하면 우두에서 장액을 채취해 다른 사람에게 접종하는 방식이었다. 이처럼 아이들을 운송 수단으로 이용해 천연두 백신을 세계 각지로 보낸 일대 프로젝트가 있다.

1803년, 스페인 국왕 카를로스^{Carlos} 4세는 스페인령의 신대륙에서 발생한 천연두를 박멸하기 위해 돈 프란시스코 사비에르 발미스^{Don Francisco Xavier Balmis}를 포함, 의사 4명과 간호사 6명으로 구성한 종두 원정대를 파견했다. 이들이 탄 배에는 천연두에 걸린 적이 없는 고아 22명도

◆ 당시 사람들은 천연두 백신에 들어 있는 바이러스를 우두바이러스라고 생각했지만, 이것은 백신바이러스라고 명명한 것과 별개의 존재였다. 백신 바이러스는 원래 들쥐에서 유래했다고 한다. 이에 대해서는 **제9장**에서 설명하겠다.

있었다. 장액은 고아들의 팔에 접종한 지 10일째 되는 날 가장 많이 고 였다가 얼마 안 가 빠른 속도로 말랐다. 그래서 열흘마다 장액을 채취해 고아의 팔에서 팔로 종두를 이식했다. 원정대는 카나리아^{Canaria} 제도를 거쳐 베네수엘라^{Venezuela}의 카라카스^{Caracas}, 쿠바^{Cuba}의 아바나^{Havana} 등 세계 각지에 종두를 실시하면서 멕시코^{Mexico}의 아카풀코^{Acapulco}에 도착했다. 고아들은 이곳에서 양자로 입양되었고, 스페인 정부가 양육비를 지급했다. 그 후 발미스는 멕시코인 고아 25명을 추가 고용해 필리핀 마닐라^{Philippines Manila}와 중국 항저우^{Hangzhou}에서 종두를 했다. 1806년 7월, 원정대는 3년간 총 80만 킬로미터에 이르는 대장정을 마치고 귀국했다고 한다.(1)

송아지를 이용한 천연두 백신

감염자를 이송하는 방법은 큰 성과를 거두었지만, 여전히 해결하지 못한 문제가 있었다. 인간의 팔에서 팔로 이식한 천연두 백신에는 매독과 같은 병원균이 종종 섞였기 때문이다. 이탈리아에서는 종두를 받은 63명의 아이 중 44명이 매독에 걸려 그중 몇 명이 사망했고, 어머니나 간호사까지 감염됐다.

1840년, 나폴리^{Napoli}의 의사 네글리는 송아지 피부에서 천연두 백신을 만드는 방식을 고안했다. 인간의 팔에서 팔로 이식하는 방법을 이용하면, 병원균이 섞이거나 이식 자체가 잘 되지 않아 백신이 생기지 않는 일이 있었기 때문이다. 송아지를 이용하는 것은 그런 문제를 해결하기에는 획기적인 방식이었지만, 처음에는 나폴리 근처에서만 이루어졌다. 그러다 1864년, 프랑스France 리옹Lion에서 열린 의학회에서 종두에 의한 매독 감염이 공론화됐을 때, 이 방법이 널리 알려졌다. 그 뒤 천연두 백신을 접종한 송아지가 지붕이 있는 화물차에 실려 이탈리아Italia 나폴리에서 프랑스 파리Paris로 이송되자, 최초의 종두소가 파리 교외에 세워졌다.(2)

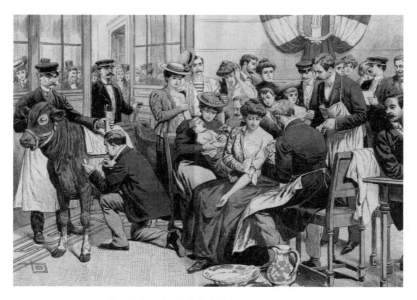

[그림 2] 프랑스에서 송아지에 종두 맞히는 장면
© 1905년 8월 20일 잡지 〈르 프티 주르날Le Petit Journal〉

1865년부터 1885년까지 유럽제국에는 송아지를 이용한 천연두 백신 제조 방식이 잇달아 채택되었다. 송아지의 피부에서 직접 인간의 팔에 종두해야 했기 때문에, 피부 병변이 발생한 송아지가 오면 사람들이 송아지를 둘러싼 채 의사에게 접종받았다[그림 2].

이 방식은 일본에도 도입되었다. 이와쿠라 사절단(정치가 이와쿠라 도모미가 이끈 사절단)의 일행으로 참여한 나가요 센사이長与專齋는 1873년, 네덜란드에서 송아지를 이용한 천연두 백신 제조 과정을 견학하면서 깊은 감명을 받았다. 그는 백신 제조 기구들을 받아 일본으로 돌아왔다. 그 해, 문부성에 설치된 의무국 국장으로 취임해 소에게서 천연두 백신(두묘)을 제조◆했다. 그 후 소를 이용한 백신 제조는 1976년, 종두가 중지될 때까지 백여 년간 계속되었다. 나도 1950년대 기타사토 연구소에서 소를 이용한 천연두 백신을 제조했다. 당시에는 태평양 전쟁이 끝난 지 얼마 되지 않았고, 귀환한 사람들 사이에서 천연두가 퍼졌기 때문에 백신이 많이 필요했다. 그래서 송아지 대신 4백 킬로그램이나 되는 다 자란 소를 상대로 고된 작업을 해야 했다.

◆ | 의무국은 메이지 8년(1875)에 내무성으로 이관되어 '위생국'이라고 이름이 바뀌었다. 두묘는 모종을 심는 것처럼 백신을 접종한다는 뜻에서 붙여진 이름으로, 1960년대까지 정식 이름으로 쓰였다.

효력이 확인된 우역 백신

지금까지 근절에 성공한 바이러스 감염증은 천연두와 우역^{牛疫}뿐이다. 우역은 치사율이 매우 높은 소의 급성 전염병으로, 4천 년 전 이집트^{Egypt} 파피루스^{papyrus}에도 그 기록이 남아 있다. 또 우역은 농작물 재배에 꼭 필요한 소를 종종 전멸시켜 기아를 유발하고, 세계사에도 큰 영향을 끼친 병이다. 홍역바이러스는 인간이 우역바이러스에 감염되어 생겼다고 한다.

2011년, 국제 식량 농업 기구^{FAO}와 세계 동물 보건 기구^{OIE}는 우역이 근절되었다고 선언했다. 우역 근절에 기여한 것은 나카무라 준지^{中村稚治}가 개발한 약독 생백신^{독이 약한 생균 또는 생바이러스를 쓰는 백신 - 옮긴이 주}이었다. 일제 강점기 시대였던 조선(현재 한국)의 부산에는 조선 총독부 수역혈청 제조소가 있었다. 나카무라는 이 제조소에서 백신을 만들었다. 이 백신은 토끼에 3백 세대 이상 이식한 우역바이러스를 소에 대한 독성을 약화한 것이다. 중국, 한국을 비롯한 아시아 지역 각국의 우역 근절은 나카무라 백신 덕분이었다.

1941년, 나카무라의 조수인 이소가이 세이고^{磯具誠吳}는 처음으로 내몽골에서 대규모 백신 접종을 했다. 그곳에는 냉장 설비가 없었다. 그래서 이소가이는 많은 토끼를 트럭에 싣고 와서 가는 곳마다 토끼에게 백신 바이러스를 접종한 후 바이러스가 증식하면 토끼의 비장을 으깨

어 백신을 조제했다. 이렇게 현지 생산된 백신은 총 1만 7천 마리의 소에게 접종할 수 있었다.(3)

E형 간염바이러스를 발견하다

냉장 보관 기술이 발달한 뒤에도 여전히 '살아 있는 운송차'가 이용된 적이 있다. 1981년, 아프가니스탄^{Afghanistan}에 체류했던 소련군 캠프에서 간염이 발생하자, 모스크바 척수성 소아마비 및 뇌염바이러스 연구소의 바이러스학자인 미하일 발라얀^{Mikhail Balayan}이 조사팀을 이끌고 현지로 갔다. 3년 전, 카시미르^{Kasimir}에서 5만 명 이상이 황달을 동반한 질병에 걸려 그중 1,700명이 사망했는데, 캠프 안에서 유행하는 간염 양상이 그때와 매우 비슷했다. 발라얀은 검사 재료를 모스크바^{Moskva}로 가져가려고 했지만, 냉장 상태로 운반할 만한 수단이 없었다. 또 연구소에서 샘플 반입을 허락할 것이라고 확신할 수 없었다. 그는 자기를 희생해 이 딜레마를 극단적인 방법으로 해결하기로 했다. 그는 환자 9명의 대변을 모아 원심기로 돌린 다음 세균 필터로 여과했다. 그 물질을 요구르트에 섞어 마신 뒤 러시아로 돌아가 간염 증상이 나타나기를 기다린 것이다.

약 한 달 뒤, 그에게도 급성 간염 증상이 나타나자 전자 현미경으로 자기 대변을 관찰했다. 그의 대변에서 직경 32나노미터(1나노미터는 10

억 분의 1미터)의 작은 구형 입자가 검출됐다. 그것은 A형이나 B형 간염바이러스와는 다른 새로운 간염바이러스였다. 또 이미 C형, D형 간염을 일으키는 바이러스를 발견했으므로 이 입자는 E형 간염바이러스라고 명명했다. 발라얀은 바이러스 발견에 관한 보고서에서 스스로를 '실험적으로 감염시킨 자원봉사자'라고 말했다.(4)(5)

E형 간염바이러스는 덜 익은 돼지, 멧돼지, 사슴 고기를 먹었을 때 주로 걸린다.

세포 밖에서 오래 사는 바이러스

바이러스는 숙주 안에서 살아 있어도 세포 밖으로 나가면 금방 죽는다. 바이러스를 운반하느라 애를 먹은 선인들의 경험을 미루어볼 때 이것은 바이러스를 공부하는 학자라면 누구나 다 아는 상식이었다. 그런데 외부에서도 좀처럼 '죽지 않는' 바이러스가 있다는 사실이 밝혀졌다. 인플루엔자바이러스처럼 외피에 싸여 있는 바이러스는 몇 분 만에 사멸하지만, 외피가 없는 바이러스는 외부 환경에 대한 저항력이 강해서 장기간 생존할 수 있다. 특히 끈질긴 바이러스의 대표적인 예가 바로 노로바이러스다.

범상치 않은 강인함, 노로바이러스

노로바이러스라는 이름은 이 병이 발병한 미국 오하이오주^{Ohio州} 북부의 노워크^{Norwalk} 유래한다. 노로바이러스는 단백질 껍질(캡시드)만으로 싸인 RNA 바이러스다. 이 바이러스는 외피가 없어 알코올이나 세제로는 안 죽는다. 심지어 강산성인 위산에도 끄떡하지 않고 위를 통과해 소장의 세포를 감염시켜 심한 설사를 유발한다. 노로바이러스를 불활화하는 것은 식품 위생상 대단히 중요한 문제이며 차아염소산나트륨^{Sodium hypochlorite}이 가장 효과적인 소독제로 꼽힌다.

2012년, 미국 와이오밍주^{Wyoming州}의 한 캠프장에서는 노로바이러스가 외부에서 얼마나 오래 생존하는지 알아보는 실험을 했다. 먼저 우물물에 일정량의 노로바이러스를 풀어놓은 후, 실험에 지원한 사람들이 1일째, 4일째, 14일째, 21일째, 27일째, 61일째에 그 물을 마셨다.

일반적으로는 실험을 진행할 때 시험관에서 배양한 세포에 바이러스를 접종해 감염 여부를 파악한 후 그 바이러스가 살아 있는지 확인한다. 그럼에도 불구하고 굳이 심한 설사를 동반하는 임상 시험을 한 이유는, 당시만 해도 노로바이러스가 어떤 배양 세포와 실험동물에 감염되는지 알 수 없기 때문이었다.

그러자 모든 실험에서 지원자 전원에게 설사가 발병했고, 적어도 2개월 가량 바이러스가 우물물에서 살아 있다는 것이 밝혀졌다. 임상 시험을 계속할 수는 없었으므로 우물물을 보관해서 주기적으로 바이러스 RNA의 양을 측정했다. RNA의 양은 1년 뒤에도 거의 변하지 않았고 1,266일(약 3년 반) 뒤에도 미세하게 감소하는 데 그쳤다. 바이러스는 살아 있었다(6).

시험관에서 배양할 수 있는 세포 중 인간의 노로바이러스가 감염되는 것은 발견되지 않았지만, 쥐의 노로바이러스는 쥐의 림프구에서 유래한 세포에 감염되어 증식한다는 것이 알려졌다. 그러므로 쥐는 인간의 노로바이러스 생존력을 추측하기에 좋은 모델이라고 할 수 있다.

2014년에는 한국의 어떤 연구팀이 흥미로운 결과를 발표했다. 식기로 이용되는 6종류(세라믹, 나무, 고무, 유리, 스테인리스, 플라스틱) 재료를 5밀리미터×10밀리미터 크기로 잘라 여기에 쥐의 노로바이러스를 10만 감염 단위로 발랐다. 그리고 실온(20도 전후)에서 28일간 놓아둔 뒤 바이러스의 감염력이 어떻게 감소하는지 조사했다.

바이러스의 감염가_{병원균 감염성의 정도를 표시하는 기준 - 옮긴이 주}가 가장 감소한 것은 스테인리스였는데, 약 500 감염 단위로 줄어 있었다. 그 뒤를 이어 플라스틱 → 고무 → 유리 → 세라믹 → 나무 순으로 감염가가 감소했다. 나무에서는 5,000 감염 단위가 남아 있었다. 이 실험 환경(20도)에서 통상적으로 몇 시간 후에는 감염성이 반감하고, 하루가 지나면 감염력은 완전히 소멸된다. 그러나 노로바이러스는 어떤 재질에서도 한 달 가까이 살아 있었다. 노로바이러스에 오염되었을 확률이 높은 식기를 깨끗하게 소독하는 것이 얼마나 중요한지 알려준 연구였다(7).

바이러스는 외부에 있으면 곧 죽는다고 오랫동안 인식되었고, '바이러스가 외부에서 얼마나 오래 살 수 있을까'라는 아주 소박한 질문은 학문적으로 흥미를 끌지 못했다. 따라서 이 문제는 폴리오바이러스Poliovirus가 물속에서 얼마나 생존할 수 있는가 등 일부 연구에서만 다루어졌다. 그러다가 노로바이러스에 의한 식중독 피해가 심각해지면서 비로소 바이러스학의 기존 상식을 깨는 노로바이러스의 강건한 성질이 밝혀진 것이다.

한편 바이러스가 예상치 못하게 오래 생존한 사례도 있다.

냉장고에 방치된 천연두바이러스

1980년에 천연두 근절 선언을 했다. 그 이후 천연두바이러스는 미국 조지아주Georgia州 애틀랜타Atlanta 질병 통제 예방 센터CDC와 러시아 시베리아Siberia의 국립 바이러스학 바이오 테크놀로지 과학 센터Vecto에만 보관되었다. 아니, 그랬어야 했다.

그런데 2014년 7월 1일, 미국 워싱턴Washington의 국립 위생 연구소NIH 안에 있는 식품 의약국FDA의 실험실에서 냉장고를 정리하다 '천연두바이러스'라는 라벨이 붙은 의약품 병Vial을 발견했다. 원래 그 건물은

1972년까지 국립 위생 연구소가 사용했었던 곳으로, 냉장고 안에 있는 종이 상자에 그 병이 들어 있었다. 그래서 질병 통제 예방 센터가 조사해 보니 6개의 병 중 2개에서 내부 바이러스가 살아 있었다(8).

병에는 1954년 2월 10일이라고 적혀 있었다. 즉 천연두 근절 계획이 시작되기 전부터 60년 동안 바이러스가 살아 있었다. 병이 깨지거나 금 간 곳도 없어 바이러스는 병 속에서 온전히 보존된 것으로 추정된다.

원래 천연두바이러스는 건조 상태에 저항성이 강하다. 심지어 1970년 대에는 환자의 부스럼 바이러스가 5년간이나 상온에서 살아 있었던 적도 있었다. 그러나 바이러스가 든 병을 냉장고에 넣어 두었다고 해도 반세기 이상이나 살 수 있을 것이라고는 아무도 예상하지 못했다.

3만 년 동안 잠들어 있던 아메바의 바이러스

21세기 초, '바이러스는 세균보다 작다'라는 바이러스학의 상식을 뒤집은 거대 바이러스를 발견했다. 영국에서 발병한 폐렴 원인을 규명하다 냉각탑의 냉각수에 있는 아메바에서 우연히 소형 세균보다 큰 바이러스가 분리되었다. 이 바이러스는 세균과 비슷하다mimic고 해서 미미바이러스Mimivirus라고 불렀다. 미미바이러스 발견을 시초로 세계 각지에서 아메바에서의 거대 바이러스를 탐색하는 연구를 시작했다(제7장).

2012년, 러시아 과학자가 시베리아 툰드라 지하에서 3만 년 전 식물인 실레네 스테노필라(Silene stenophylla, 러시아 연구팀이 시베리아 툰드라 지하에서 발굴한 3만2000년 전 열매를 첨단 기법을 동원해 발아시켜 피운 석죽과에 속한 꽃)의 과실에서 조직 배양에 성공했다는 논문을 발표했다. 미미바이러스를 발견한 사람 중 프랑스 엑스-마르세유 대학교(Aix-Marseille University)의 장-미셸 클라베리(Jean-Michel Claverie) 연구팀은 이 보고서를 읽고 혹시 바이러스도 되살릴 수 있지 않을까 생각했다.

2014년, 그들은 러시아에서 제공한 시베리아의 3만 년 전의 툰드라(통상 영하 10도) 층에서 채취한 토양 샘플을 아메바에 배양했다. 그러자 달걀 모양의 거대 바이러스가 생겼다.

20세기 말까지 바이러스의 최대 크기는 천연두바이러스인 300나노미터 정도로 알려졌다. 그런데 최초의 거대 바이러스인 미미바이러스는 400나노미터이고 이번에 생긴 바이러스는 무려 1500나노미터에 이르렀다. 대장균(2000나노미터)에 육박하는 크기였다.

이 바이러스는 고대 그리스의 피토스(Pithos)라는 항아리를 닮았다고 해서 피토바이러스(Pithovirus)라는 이름이 붙었다. 클라베리의 예상대로 이 바이러스는 아메바 속에서 증식했다. 3만 년 이상 동면했던 바이러스가 다시 증식한 것이다(9).

2015년, 그들은 같은 툰드라 층에서 다른 거대 바이러스를 아메바 배양에서 분리했고, 그 바이러스를 시베리아에서 온 부드러운 바이러스라는 뜻인 몰리바이러스 시베리쿰Mollivirus Sibericum이라고 명명했다. 몰리바이러스 시베리쿰은 피토바이러스의 반 정도 크기인 600나노미터 크기의 동그란 바이러스였다. 이것 역시 아메바 몸속에서 증식했다(10).

잇달아 두 종류의 고대 바이러스를 발견한 것만으로도 놀라운데, 심지어 그것들은 살아 있었다. 이것은 지구 온난화로 녹아내린 툰드라 층에서 태고의 바이러스가 튀어나올 수도 있음을 시사한다. 아메바에서 분리된 거대 바이러스 중 하나인 마르세유바이러스Marseillevirus는 생후 11개월 된 남자아이를 감염시켜 림프샘 염증을 일으켰다(11). 이런 점으로 보아 고대 바이러스가 부활해 인간에게 질병을 일으킬 수 없다고 단정 짓기 어렵다.

부활하는 바이러스

생물은 죽으면 되살아날 수 없다. 바이러스는 생물에 속하지 않지만, 이 역시 세포 안에서 태어나 다양한 형태로 죽는다. 바이러스는 대부분 숙주의 몸 안에서 면역 림프구의 하나인 대식 세포大食細胞에게 먹혀 효소로 분해된다. 생물의 사체가 미생물에 의해 분해되는 것과 마찬가지로 이것은 완전한 죽음(死)이다. 외부 세계에서는 가열, 소독약, 자외선 등에 노출되어 불활화된다. 다소 막연하지만, 이것을 '바이러스의 죽음'이라고 부를 수 있다. 그런데 외부 세계에서 죽은 바이러스가 부활하는 신기한 현상이 나타나기도 한다.

미국 인디애나대학교Indiana University의 분자 생물학자인 샐버도어 에드워드 루리아Salvador Edward Luria는 바이러스 증식 기구와 유전자 구조를 발견해 1969년 노벨 생리의학상을 받았다. 그가 세균을 감염시키는 바이러스인 박테리오파지Bacteriophage, 세균에 감염해 증식하는 바이러스로 특정한 세균에만 감염함. 일반적으로 '파지'라고 부름를 연구에 이용했다.

파지를 세균에 넣어서 한천 평판Agar plate, 유리판이나 샬레 및 기타 용기에 물 또는 배지를 한천寒天으로 굳혀서 평판으로 만든 것에 심으면 파지가 감염시킨 세균만 용해되면서 투명한 반점이 된다. 이 반점을 플라크Plaque라고 하는데, 그 수를 세면 파지의 양을 추정할 수 있다.

루리아는 대장균에 감염된 파지에 대량의 자외선을 조사하는 실험을 하면서 기묘한 현상을 보았다. 자외선을 조사해 불활화한 파지를 '한 개씩' 대장균에 접종하면 플라크가 생기지 않았다. 이것은 당연한 현상이었다. 그런데 불활화한 '여러 개의 파지를 한 번에' 접종하자 플라크가 출현했다. 살아 있는 바이러스가 나타난 것이다(12).

이 현상이 어떤 과정을 거쳐 일어나는지는 금방 알아낼 수 있었다. 자외선을 쬔 파지는 DNA의 다양한 부위에 손상을 입히고 죽는다. 한 부위가 손상을 입어 죽은 파지가 그 부위는 손상을 받지 않은 다른 불활화한 파지와 함께 대장균 세포 안에서 가시광선에 노출되면, 바이러스의 손상을 받지 않은 부분들이 재이용되어 마치 프랑켄슈타인 같은 감염력을 가진 새끼 바이러스로 부활했다(13). 당시 루리아의 제자이자 DNA의 이중 나선 구조를 발견해 노벨상을 받은 제임스 듀이 왓슨James Dewey Watson은 X선을 조사해 이런 현상을 연구하고 있었다.

이 현상은 '다중 감염 재활성화'라고 명명되어 1950년대 후반에 다양한 연구를 하게 됐다. 그 결과 백시니아바이러스Vacciniavirus와 인플루엔자바이러스 등에서도 같은 현상이 일어난다는 사실이 밝혀졌다.(14) 치명적인 상처를 입은 바이러스들은 그 부위가 다르면 서로 상처를 치유해 되살아날 수 있다. 즉, '바이러스의 죽음은 생물의 죽음'이라는 개념을 초월했다고 할 수 있다.

이 이론에 따르면 자외선으로 불활화한 바이러스는 인체 안에서도 이런 과정을 거쳐 되살아날 수 있다. 그러므로 자외선에 의해 불활화한 바이러스는 백신에 이용하지 못하게 되어 있다.

바이러스를 생명체로 볼 때, 거기에는 독특한 생(生)과 사(死)가 존재한다. 그러나 이제까지 바이러스 연구는 바이러스가 어떻게 증식하고, 어떻게 병원성 세포 속에서 활동하며, 그 구조의 형태에만 초점이 맞춰져 있었다. 이것은 바이러스의 '생(生)'의 측면이다. 그러나 바이러스가 태어나서부터 죽을 때까지의 '일생'을 살펴보면 바이러스는 생과 사의 경계를 가볍게 초월한 존재로 보인다. 세포 안에 침입한 바이러스는 새끼 바이러스가 태어나기 전에 일단 모습을 감춘다. 이렇게 해서 태어난 새끼 바이러스는 일단 죽어도 되살아나기도 한다.

일본에서 종두는 어린이를 백신 운반 수단으로 한다

19세기 일본은 통상 수교를 거부하고 있었다. 1803년, 네덜란드령인 바타비아Batavia, 자카르타를 네덜란드 식민지 때 부르던 이름에서 보낸 배로 제너 종두에 관한 간단한 정보가 일본에 전해졌다. 상세한 정보는 그로부터 10년 후, 생각지 못하게 러시아에서 전해졌다. 그 시대의 탐험가인 나카가와 고로지中川 伍郎治가 '분카로코文化露寇, 일본 연호로 문화xb 3년에 일어났다 해서 분카로코라고 함 - 옮긴이 주'라는 사건으로 러시아 군함에 의해 사할린에서 포로로 잡혀 있다 풀려나면서 억류 중에 받은 종두 해설서를 갖고 온 것이다. 이것은 제너가 1989년에 발표한 최초의 보고서를 러시아어로 번역한 것이었다. 천재 통역가인 바바 사주로馬場 佐十郎가 무려 7년에 걸쳐 번역해 1820년,《둔화비결遁花秘訣》이라는 제목으로 출간했다. 천연두 발두를 꽃에 비유하고 그것을 피하는 비법을 설명한다는 뜻이다.

1822년, 나가사키 데지마의 네덜란드 상관원인 얀 콕 블롬호프Jan Cock Blomhoff가 바타비아에서 두묘를 주문했지만 2개월 이상 걸린 항해로 인해 백신 효력이 사라졌다. 이듬해에는 시볼트가 바타비아에서 두묘를 가져와 금방 종두를 시행했지만, 역시 실패로 끝났다.

나라바야시 소켄榲林 宗建이라는 의사는 사가번의 제10대 번주인 나베시마 나오마사鍋島 直正에게 두묘를 수입하라는 지시를 받았다. 1849년, 그는 독일인 의사 오토 고틀립 모니케 Otto Gottlieb Mohnike에게 부탁해 바타비아의 의사 국장네 아이에게서 채취한 부스럼을 가져올 수 있었다. 6월 26일, 모니케가 3명의 아이에게 접종했고, 그중 생후 10개월 된 조겐의 아들만 발두 증상을 보였다. 이것이 일본에서의 최초의 종두였다. 2개월 후에는 번주의 장자인 료이치로도 종두를 받았다.

두묘가 도착하기만을 학수고대하던 오오무라번肥前大村藩의 나가요 슌타쓰長与 俊達, 앞서 나온 나가요 센사이의 조부는 손녀를 나가사키로 보내 종두를 맞췄다. 그는 매주 종두를 맞지 않은 아이를 내보내 종두의 씨가 끊이지 않게 했다. 종두는 아이들의 팔에서 팔로 이식되어 그해에 오사카와 에도로 보급되었고, 1~2년 만에 전국으로 전파됐다.

1857년에는 구와다 류사이桑田 立斎라는 의사가 종두를 한 아이들을 데리고 홋카이도로 갔다. 그는 홋카이도 북동 지역인 네무로와 동쪽 태평양에 있는 구나시리섬까지 돌아다니며 3개월 만에 6천여 명의 아이누족Ainu族, 일본 홋카이도 및 사할린 지역에 사는 종족. 유럽 인종의 한 분파에 몽고 인종의 피가 섞인 종족을 말함 - 옮긴이 주에게 종두를 했다.

아이의 팔에서 팔로 이식한 종두 기법은 메이지 시대에 제도화되었다. 그때의 종두 규정을 보면 '종두를 받은 사람은 천연두의 고름을 채취해야 할 경우 거부해서는 안 된다'라고 되어 있다. 종의 제공을 의무화한 것은 당시 영국 시스템 ◆을 따른 것이었다. 1891년부터는 소를 이용한 두묘만 이용했고, 팔에서 팔로 이식하는 방식은 점차 사라졌다(1).

◆ ｜ 영국에는 규정을 위반한 사람을 단속하는 벌금 제도가 있었다. 그래서 1871년, 전국적인 백신 반대 연맹이 결성되어 백신 반대 운동이 일어났다.

제2장
보이지 않는 바이러스의 흔적을 쫓아서

．
．

19세기 후반, 하인리히 헤르만 로베르트 코호Heinrich Hermann Robert Koch 는 탄저균Bacillus anthracis, 결핵균Mycobacterium tuberculosis, 콜레라균Vibrio choler- ae을 발견해 특정한 세균은 전염병의 원인이 된다는 사실을 밝혔다. 병 원균을 특정하는 그의 전략은 다음 4가지 조건에 기반한 것이다.

① 감염된 조직의 특정 세균이 인공 배지에서 규칙적으로 분리될 것.

② 광학 현미경을 이용해 분리한 세균의 형상을 판단할 수 있을 것.

③ 분리한 세균이 적당한 동물에서 실험적으로 병을 일으킬 것.

④ 병에 걸린 동물에서 세균을 분리해 그것이 접종한 세균과 같음을 현미경으로 확인할 것.

그의 조수인 프리드리히 아우구스트 요하네스 뢰플러Friedrich August Johannes Löffler는 1883년, 디프테리아균Corynebacterium diphtheriae의 분리 보고에서 이 조건을 코흐의 3원칙(특정한 병에서 측정한 미생물을 항상 발견할 것, 그 미생물을 분리해 순배양할 것, 분리한 미생물을 동물에서 같은 병을 일으킬 것)이라고 정한 후 발표했다. 그 후 '코흐의 3원칙'은 병원균을 특정할 때의 기본이 되었다.(1)

다시 말해 세균학의 발달 과정에서 광학 현미경으로 확인하는 것은 필수 조건이었다. 그런데 19세기 후반 광학 현미경으로는 볼 수 없는 병원체(=바이러스)가 존재한다는 것을 알게 되었다. 바이러스에는 세균학의 기반 기술을 적용할 수 없었다. 과학자들은 일단 동물에게 병을 일으키는 힘이나 세균을 용해하는 힘을 바이러스 기준으로 삼아 연구를 해야 했다. 다시 말해 바이러스 자체가 아닌, 바이러스가 남긴 흔적을 살펴 바이러스학을 발전시킨 것이다. 이제부터 바이러스학자들의 탐정 수사를 연상하는 과정을 살펴보자.

전염성이 있는 살아 있는 액체

독일인 농예 화학자 아돌프 마이어Adolf Mabyer는 네덜란드 바헤닝언Wageningen의 농사 시험장 소장을 맡았을 때, 농가에서 담배에 큰 피해를 주는 병을 조사해 달라는 의뢰를 받았다. 그는 담뱃잎에 짙은 반점이 생긴 것을 보고, 그 병의 이름을 '담배모자이크병^{Tobacco mosaic virus}'이라고 했다. 병에 걸린 이유를 조사하기 위해 병에 걸린 잎을 즙으로 만들어 건강한 담뱃잎에 도포했더니, 이파리 10장 중 9장이 병에 걸린 것을 보고 감염성이 있다는 것을 확인했다. 그러나 세균이나 곰팡이를 분리할 수는 없었다. 그래서 그는 1882년, 담배모자이크병의 원인은 수용성 효소와 비슷한 감염성 때문이라고 보고했다.

몇 년 뒤 러시아 상트페테르부르크^{Sankt Peterburg}에서 일하던 식물학자 드미트리 이시오포비치 이바노프스키^{Dmitri Iosifovich Ivanovsky}가 농약청의 지시로 우크라이나^{Ukraine}와 크리미아^{Crimea}에서 발생한 담배 질병 조사차 파견됐다. 그는 마이어와 같은 실험을 반복했는데, 그때 '담뱃잎의 즙을 샴벨란형 세균 여과기^{Chamberland filter, 자기를 이용한 필터로 박테리아나 독소를 제거할 때 사용할 수 있음 - 옮긴이 주}로 걸러낸 다음, 담뱃잎에 접종하는' 중요한 단계를 추가했다. 파스퇴르 연구소의 샤를 샴벨랑^{Charles Chambellan}이 고안한 이 필터는 테라코타 자기^{도기에 유약을 바르지 않고 그대로 구운 자기}로 만들었는데, 세균이 통과하지 못하게 작은 구멍이 많이 뚫려 있다.

1892년, 그는 상트페테르부르크 과학 아카데미에서 실험 결과를 보고할 때 '담배모자이크병에 걸린 나뭇잎의 즙은 샴벨란 필터에서 여과해도 감염성이 있다'고 덧붙였다. 그러나 그는 병의 원인은 세균 때문이고, 세균이 만드는 독소가 필터를 통과한 이유는 필터가 망가졌기 때문이라는 잘못된 판단을 내렸다.

네덜란드에서 태어난 토양 미생물학자 마르티뉘스 베이에링크Martinus Beijerinck는 바헤닝언에서 마이어와 함께 연구한 적이 있었다. 그는 1895년, 45세에 네덜란드 델프트공과대학교Delft University of Technology에서 세균학 교수가 되었다. 그는 1897년, 새로운 연구실과 온실을 받자마자 담배모자이크병 연구를 재개했다. 그리고 이바노프스키가 러시아어로 쓴 보고가 있다는 사실을 알지 못하고 담배모자이크병에 걸린 담뱃잎의 즙이 샹벨란형 필터로 여과한 뒤에도 감염성이 있다는 사실을 알게 되었다. 게다가 투과액을 희석해서 담뱃잎에 접종하고 즙을 내도 감염성이 있다는 것을 알게 되었다. 그것을 다시 희석해서 다른 담뱃잎에 접종했지만, 결과는 마찬가지였다. 이 병원체는 마이어의 주장(효소)과 달리 증식하는 물질이었다. 또 즙을 한천 평판에 붓고 일주일 정도 두었더니, 약 2밀리미터 아래에서도 감염성이 남아 있다는 것이 밝혀졌다. 세균이 한천에 스며들 수 없어 그는 담배모자이크병의 병원체를 '액체'라고 생각했다. 또 이 병원체는 담배의 어린잎에서 빠르게 증식하고, 잎의 성장을 방해했다. 그는 담배모자이크병의 병원체를 '전염성이 있는 살아 있는 액체'라는 뜻에서 '바이러스'라고 불렀다. 그의 연구 결과는 1898년에 발표되었다.(2)(3)

담배모자이크바이러스는 마이어, 이바노프스키, 베이에링크 이 세

명의 연구에서 발견되었지만, 첫 발견자는 베이에링크로 인정받았다. 원래대로라면 이 바이러스를 처음 발견한 사람이 이바노프스키여야 하지만, 그는 병원체를 독소로 간주했기 때문에 바이러스 발견자로 인정받지 못했다.

단백질 결정

미국 뉴욕의 록펠러 연구소에서는 의학 연구를 지지하는 수단으로 생물학 기초 연구를 중시했다. 담배모자이크바이러스는 바이러스 연구의 좋은 모델로 인식되어 1926년, 미국 뉴저지주New Jersey州 프린스턴대학교Princeton University에 식물 병리학부가 신설됐다.

연구 팀원인 프랜시스 홈스는 담뱃잎에 담배모자이크바이러스를 주입하면 갈색 반점이 생긴다는 것을 알게 됐다. 이것은 바이러스 감염에 의해 잎의 조직이 파괴되어 생기는 것으로, 부분 괴사 병반Necrotic local lesion, 식물 조직의 일부분이 말라 죽어서 생긴 반점이라고 불렀다. 그리고 반점의 개수로 바이러스의 농도를 측측할 수 있었다.(4) 즉 눈에 보이지 않는 바이러스를 알 수 있게 된 것이다.

훗날 바이러스 연구의 중심인물이 된 미국 생화학자 웬들 메러디스 스탠리Wendell Meredith Stanley는 젊은 나이에 포스트 닥터 과정을 밟으려고 록펠러 연구소에 있었을 무렵에는 바이러스에 대해 잘 몰랐다. 그런데도 프린스턴 대학교 식물 병리학부에서 바이러스 연구 제안을 받고 승낙한 이유는, 뉴욕을 떠나고 싶었기 때문이었다.

그는 먼저 담배모자이크바이러스에 단백질을 분해하는 효소를 작용하면 반점이 나타나지 않는다는 것을 발견해 바이러스는 단백질에서 생성된다고 믿었다. 그리고 당시 식물 병리학부의 존 하워드 노스럽John Howard Northrop의 효소 정제법을 참고해 담배모자이크바이러스를 결정화하는 실험을 했다. 정제 농축 정도는 홈스의 반점 측정법으로 알아낼 수 있었다. 스탠리는 바이러스에 감염된 4톤 분량의 담뱃잎에서 최종적으로 바늘과 같은 결정을 추출하는 데 성공했다. 1935년, 〈사이언스Science〉지에 발표한 '담배모자이크바이러스의 본체는 단백질이다'라는 스탠리의 논문은 엄청난 반향을 불렀다. 3월 28일 자 〈뉴욕타임스The New York Times〉는 1면 기사로 '보이지 않는 바이러스가 결정화되어 분리되었다'고 보도했다.(5)

이듬해에는 영국의 프레더릭 찰스 바우덴Frederick Charles Bawden과 노먼 피리Norman Pirie가 바이러스에는 단백질 외에 리보핵산(RNA)이 5퍼센트 함유되어 있다고 밝혔지만, 당시 RNA의 역할은 단순한 부산물 정도로 인식되었다. 1950년, 하인츠 프렝켈 콘라트Heinz Fraenkel Conrat는 스탠리가 근무했던 미국 캘리포니아대학교University Of California 바이러스 연구소에서 담배모자이크바이러스 연구를 했다. 그리고 1955년, 이 바이러스가 증식하는 것을 확인했다.(6) 1953년에는 제임스 듀이 왓슨과 프랜시스 해리 컴프턴 크릭Francis Harry Compton Crick에 의해 DNA가 유전자의 본체임이 입증되었다. 이러한 결과로 바이러스에는 RNA가 유전 정보를 좌우한다는 사실이 밝혀졌다.

소와 돼지에 접종해서 발견한 구제역바이러스

담배모자이크바이러스를 발견한 시기와 비슷한 시기에 동물이 병에 걸리는 바이러스를 발견했다. 그중 하나가 구제역바이러스Foot and mouth disease virus다. 구제역은 예부터 축산업에 큰 손실을 주는 병이었다. 1897년, 독일 정부는 베를린 전염병 연구소에 구제역 대책을 검토하는 조사단을 만들어, 라이프스발트대학교University of Greifswald 공중위생 연구소 소장인 프리드리히 아우구스트 요하네스 뢰플러를 책임자로 임명했다.

이 조사에 큰 희망을 건 전국 각지의 농가에서 병든 소의 수포를 제공했다. 뢰플러는 일단 파울 오토 막스 프로쉬Paul Otto Max Frosch와 함께 구제역 연구를 한 소의 수포를 베르케펠트 여과기Berkefeld filter로 걸러냈다. 이것은 샹벨란 여과기와 함께 세균 여과기로 쓰던 도구다.

뢰플러는 '구제역은 세균에 의한 병이고, 수포에는 세균에 대한 항체가 들어 있다'고 생각했다. 그래서 세균 여과기로 여과해 세균을 제거한 수포를 건강한 소에게 접종한 후 소가 면역을 갖게 하려고 시도했다. 그런데 소가 구제역에 걸리고 말았다. 세균 여과기를 통과한 여과액은 여전히 감염성의 위험이 있었다.

돼지도 구제역에 걸렸다. 뢰플러는 소보다 체구가 작은 돼지를 대상으로 연구를 계속했다. 그래서 돼지에 희석한 수포를 접종해 생긴 수포를 다시 희석해서 다른 돼지에게 접종했다. 그러자 그 돼지도 구제역이 발병했다. 연구팀은 그 수포를 다시 희석해서 접종하는 방식을 반복했지만 모든 돼지에게 구제역이 생겼다. 매번 희석 배율을 다르게 하면서 최종적으로는 2억 배 이상 희석했다고 한다. 뢰플러는 이런 소량의 독소가 병을 일으킬 리는 없으므로 병원체는 독소가 아닌 증식하는 존재일 것이라고 결론을 내렸다.

뢰플러의 제자였던 기타사토 시바사부로北里 柴三郎는 베르케펠트 여과기보다 더욱 세밀한 구멍이 난 여과기를 고안해 그것으로 여러 번 수포를 여과했다. 그러자 여과액에서 감염성이 소멸됐다. 뢰플러는 병원체를 광학 현미경으로 볼 순 없었지만 기타사토 여과기의 결과를 보고, 병원체를 '증식하는 입자 형태의 존재'라고 결론을 지었다. 이러한 성과는 1898년에 보고되었다.(7)(8) 그 후 마르티뉘스 베이에링크와 '액체인가 입자인가'라는 논쟁이 벌어졌지만 뚜렷한 결론이 나진 않았다.

우연히도 식물바이러스와 동물바이러스가 같은 해에 발견되었다. 이리하여 20세기 초, 바이러스학이 탄생했다.

바이러스 연구의 최초 모델이 된 조류 인플루엔자바이러스

구제역바이러스를 발견한 지 3년 뒤인 1901년, 이탈리아에서 발생한 가금 페스트Fowl pest가 알프스를 넘어 오스트리아와 독일까지 확산되어 양계 산업에 큰 타격을 주었다. 이탈리아 볼로냐대학교University of Bologna 병리학자 에우제니오 첸타니Eugenio Centanni와 사바누치Savunozzi가 가금 페스트의 병원체는 세균 여과기를 통과한다고 발표했다.

첸타니는 가금 페스트 바이러스가 바이러스의 연구 모델로써 매우 뛰어나다는 것을 금방 알아챘다. 소나 돼지가 숙주인 구제역바이러스와는 달리, 가금 페스트 바이러스는 닭처럼 작고 손쉽게 구할 수 있는 동물로 연구할 수 있다. 그는 더욱 취급하기 쉬운 유정란도 실험 대상으로 삼았다.(9)

가금 페스트 바이러스는 인플루엔자바이러스의 일종이다. 이 사실이 명확하게 알려진 것은 인간의 인플루엔자바이러스가 분리된 이후였다. 그때까지의 반세기에 걸친 연구 흐름을 살펴보자.

1918년, 당시 '스페인 독감'으로 불렸던 인플루엔자의 판데믹전염병의 대유행. 세계 보건 기구WHO가 나눈 전염병 경보 단계 중 최고 등급인 6단계를 말함. 모두를 뜻하는 'pan'과 사람을 뜻하는 'demic'이라는 그리스어에서 유래한 말로, 전염병이 세계적으로 확산된 상태를 뜻함 - 옮긴이 주이 일어났다. 파스퇴르 연구소에서 귀국한 야마노우치 타모쓰山内 保는 인플루엔자 환자 43명의 가래를 모아 간호사와 친구 등

24명의 지원자 중 12명에게는 세균 여과기를 통해 세균을 제거한 샘플을, 나머지 12명에게는 여과하지 않은 샘플을 인두^{咽頭} 속에 접종했다. 그러자 인플루엔자에 걸리지 않은 18명이 2~3일간의 잠복기에 열이 나더니 가래가 생기는 등 인플루엔자 증상을 보였다. 세균에 의해 감염된다고만 생각했던 인플루엔자가 실은 바이러스에 의해 감염된다고 처음으로 입증된 것이다.(10)

1933년, 영국에서 인플루엔자가 유행하자 국립 의학 연구소의 패트릭 레이드로^{Patrick Laidlaw}, 크리스토퍼 앤드루스^{Christopher Andrewes}, 윌슨 스미스^{Wilson Smith}가 인플루엔자에 대한 연구를 시작했다. 이들은 환자가 가글한 액체를 세균 여과기로 걸러 개 홍역을 연구하기 위해 사육했던 흰담비◆를 대상으로 감염 실험을 반복해 병원체는 세균 여과기를 통과하는 바이러스이고 흰담비에서 흰담비로 대를 이을 수 있다는 사실을 밝혔다. 이때 재채기를 했던 흰담비 때문에 스미스가 인플루엔자에 걸렸다. 그에게 분리된 바이러스는 그의 이름 머리글자를 따서 'WS 포기'라고 명명했고, 이것은 대표적인 인플루엔자바이러스가 되었다. 이 바이러스는 실험용 쥐에 이식해도 발병하게 되었다.

◆ 흰담비는 인플루엔자바이러스 증상을 보이는 유일한 실험동물이다. 레이드로가 인플루엔자바이러스 실험동물로 흰담비를 선택한 것은 우연이 아니었다. 그는 1920년대 초, 인플루엔자 연구 모델로 개를 선택했다. 개가 홍역에 걸려 급성 호흡기 감염을 일으키기 때문이다. 일단 백신 개발에 성공했지만, 개는 홍역에 걸리는 일이 잦아 백신이 효과가 있는지 확인하기 어려웠다. 그때 흰담비가 종종 홍역에 걸린다는 사실을 알고 연구소에서 흰담비를 번식시켰다.

1931년까지 유정란으로 백신 바이러스 등의 몇몇 바이러스를 증식하는 방법이 발표되었다. 스미스는 실험용 쥐나 흰담비를 이용해 증식한 인플루엔자바이러스를 동물의 체외에서 증식시키는 다양한 방법을 시도했고, 1935년 유정란을 이용해 바이러스를 증식하는 연구에 성공했다. 쉽게 구할 수 있는 달걀로 실험할 수 있게 되자, 인플루엔자바이러스 연구는 급물살을 탔다.(11) 그러나 이 시점에서도 인플루엔자와 가금 페스트사이에 어떤 연관성이 있으리라는 인식은 전혀 없었다.

1955년, 독일의 베르너 쉐퍼Werner Schäfer가 가금 페스트 바이러스와 인플루엔자바이러스를 비교해 둘이 같은 종류의 바이러스임을 발견했다. 가금 페스트 바이러스의 정체는 엄청난 수의 닭을 살처분하게 한 조류 인플루엔자바이러스였다.

인플루엔자바이러스 연구는 바이러스가 일으키는 질병을 먼저 닭이나 인간에서 발견하면 실험동물로 관찰한 후 계배Chick embryo, 닭의 배아 즉 유정란으로 관찰하는 식으로 진행된다. 바이러스는 특정 세포에서만 활동한다. 그러므로 바이러스학은 일단 실험하기 쉬운 '바이러스가 사는 곳'부터 찾는 방식으로 발전해 왔다. 현재 인플루엔자 백신은 유정란을 이용해 제조된다.

새로운 길을 연 폴리오바이러스

바이러스 연구를 효율적으로 진행하려면 바이러스에 감염될 수 있고, 실험하는 사람이 다루기 쉬운 생물로 찾아야 한다. 폴리오바이러스는 처음으로 실험동물이 아닌 배양 세포로 증식하는 데 성공한 바이러스이다.

1908년, 오스트리아 빈대학교Universitat Wien 병리학 교수인 카를 란트슈타이너Karl Landsteiner는 폴리오가 발병한 지 나흘 만에 사망한 9세 소년의 시체를 해부했다. 그 소년의 척수 유제를 세균 여과기로 여과한 뒤 토끼, 기니피그, 쥐 등의 실험동물에 접종했지만, 모두 발병하지 않았다. 그런데 실험실에는 매독 실험용으로 키우던 붉은털원숭이와 망토개코원숭이가 한 마리씩 남아 있었다. 그는 두 원숭이 뇌에 척수 유제를 접종했다. 그러자 붉은털원숭이가 마비 증상을 보였고, 해부 결과 두 원숭이의 척수와 뇌에 폴리오 환자와 같은 병변이 나타났다. 폴리오바이러스는 두 번째로 발견한 인간을 숙주로 삼는 바이러스이자 처음으로 인간이 아닌 동물에게 인간 바이러스를 감염시키는 데 성공한 사례다. 첫 번째는 황열 바이러스로 1900년, 월터 리드가 인체에 접종해 혈액에서 바이러스를 분리했다.

1939년, 미국 공중 위생국의 찰스 암스트롱Charles Armstrong은 미시간주Michigan州 랜싱Lansing에서 폴리오로 사망한 18세 청년의 척수와 뇌의 유제를 원숭이에게 접종해 폴리오바이러스를 분리했고, 그 바이러스를 목화나무쥐북아메리카 남부에 서식하는 비단털쥐과의 포유류의 뇌에 접종해서 발병시키는 데 성공했다.(12) '랜싱 포기'라고 이름 붙인 이 바이러스 덕에 실험용 쥐(생쥐를 실험동물로 한 것)를 대상으로 실험할 수 있게 되어 폴리오바이러스에 관한 많은 특성을 밝힐 수 있었다.

배양 세포에서 바이러스를 증식하다

당시 폴리오 백신 개발은 공중위생상 해결해야 할 1순위 과제였다. 원숭이나 쥐로는 그 목적에 부응하지 못했기 때문에 세포 배양 백신이 개발되기를 기다려야 했다.

1907년, 존스홉킨스대학교The Johns Hopkins University의 로스 그랜빌 해리슨Ross Granville Harrison은 체외에서 동물의 조직을 살리기 위해 개구리 신경 조직을 개구리 림프액 속에서 배양한 후 최초로 성장시켜 이 사실을 학계에 보고했다. 이것은 척수에서 뻗어 나간 신경이 어떻게 근육에 도달하는지를 조사하는 연구였다. 록펠러 연구소에서 초빙한 프랑스인 외과 의학자 알렉시 카렐Alexis Carrel은 신경이 뻗어 가는 모습을 밝혀낸 이 보고서를 읽고 조직 배양을 해야겠다고 생각했다. 그는 해리슨의 도움을 받아 닭의 심장 조직 조각을 배양했다. 그리고 1912년, 심장이 체외에서 생존하는 사실을 보고했다. 그 후 카렐은 혈관 봉합 기술 개발과 장기 이식에 공헌했다는 점을 인정받아 39세에 노벨 생리의학상을 받았다. 노벨상을 받게 한 연구 내용과 조직 배양은 아무런 관계가 없었지만, '죽지 않는 닭의 심장'이라는 뉴스로 큰 화젯거리가 되었다.

그러나 카렐의 배양 기술은 지나치게 복잡해서 널리 보급되진 못했다. 그러나 1928년, 영국의 휴 메이틀랜드가 카렐이 고안한 배양병(카렐 플라스크)을 이용해 토끼의 신장 조직을 배양하는 데 성공했다. 이후 조직 배양에 의한 바이러스 연구가 확산됐다.

1945년경부터 미국의 세균학자 존 프랭클린 엔더스John Franklin Enders는 토머스 허클 웰러Thomas Huckle Weller, 프레더릭 채프먼 로빈스Frederick Chapman Robbins와 함께 메이틀랜드법으로 조직 배양을 한 닭 배아를 이용해 멈프스바이러스Mumps virus, 유행성 이하선염 바이러스를 증식하는 실험을 했다. 카렐과 메이틀랜드의 시대에는 배양할 때 세균이 섞여 들어가는 것이 가장 큰 문제점이었지만, 이것은 페니실린Penicillin 등의 항생 물질을 배양액에 추가하는 것으로 해결되었다.

1948년, 그들은 어쩌다 남아 있던 인간의 피부와 근육 조직의 배양 플라스크에 랜싱 포기 폴리오바이러스에 감염된 쥐의 뇌 유제를 접종했다. 그러자 세포 일부가 죽었다. 그들은 이것을 세포 변성 효과Cytopathic effect, CPE라고 명명했다. 이 변화가 일어나면 배양 세포에서 바이러스가 살아 있다는 것을 확인할 수 있다. 이렇게 해서 1948년, 엔더스 연구진은 배양 세포에 폴리오바이러스를 감염시켜 분리하는 데 처음으로 성공했다. 이 성과로 인해 바이러스학 황금시대의 막을 열게 되었다.

1952년에는 미국 병리학자인 레나토 둘베코Renato Dulbecco가 단백질 분해 효소 일종인 트립신Trypsin, 이자에서 분비되는 소화 효소로 단백질을 아미노산으로 분해함으로 조직을 조각내어 세포를 단층 상태로 늘어놓은 채 배양하는 데 성공했다. 이 기술 덕분에 바이러스의 정량이 가능해졌다. 먼저 샬레에 퍼지는 단층 세포층에 바이러스를 접종하고 한천을 넣어서 더 이상 바이러스가 퍼지지 않게 배양한다. 그 후 살아 있는 세포만 물들이는 액체를 넣는다. 그러면 바이러스에 감염된 세포는 죽었기 때문에 살아 있는 세포에만 반점(플라크)이 생긴다. 그 반점의 수로 바이러스의 양을 측정할 수 있다[그림 3]. 이 방법은 당시 실험동물로 바이러스를 연구했던 연구진들에게 꿈만 같은 기술이었다. 그 무렵부터 조직 배양은 세포 배양이라고 불리게 되었다.

이런 기술에 의해 원숭이의 신장 세포에서 증식시킨 바이러스로부터 폴리오 백신이 개발되어 1955년부터

[그림 3] 둘베코가 촬영한 폴리오바이러스에 의한 플라크

(R. Dulbecco, et al. "Plaque formation and Poliomyelitis Viruses", J. Exp. Med 99 (2) (Jan 1954): 167-182)

접종할 수 있게 되었다. 엔더스를 포함한 세 연구자는 조직 배양에 의한 바이러스학 연구의 진보를 앞당겼다고 하여 1945년에 노벨 생리의학상을 받았다. 당시 48세였던 해리슨은 그들의 수상 소식을 듣고 뛸 듯이 기뻐했다고 한다.(13)(14)(15)

치료 약이 되는 바이러스 - 박테리오파지

영국 런던대학교University Of London 브라운 연구소 소장 프레더릭 윌리엄 트워트Frederick William Twort는 1915년, 한천 배지에서 천연두 백신으로 쓰이는 바이러스(백신 바이러스)를 증식하는 실험을 했다. 소의 복부 피부로 천연두 백신을 제조하면 잡균이 섞이기 때문이다. 트워트는 한천 평판상에 증가한 작은 구균(아마도 포도상구균Staphylococcus)에 물기가 많고 유리처럼 보이는 무리가 있다는 것을 알아차렸다. 그때까지 이런 변화를 보고한 건 딱 하나였다. 영국의 미생물학자 알렉산더 플레밍Alexander Fleming이 보고한 '이슬방울'처럼 보이는 포도상구균 덩어리를 보았다는 내용이 유일했다. 또한 플레밍의 관찰은 훗날 페니실린을 발견하는 것으로 이어졌다. 트워트는 〈랜셋The Lancet〉이라는 학술지에서 유리 같은 변화를 바이러스가 일으켰을 수 있다고 보고했다. 그러나 당시에는 제1차 세계 대전 중이었으므로 크게 주목받지 못했다.

프랑스계 캐나다인인 세균학자 펠릭스 위베르 데렐Félix Hubert d'Hérelle

은 세계를 여행하면서 독학으로 세균학을 공부했다. 1910년, 그는 멕시코에서 대발생한 메뚜기 창자에서 구근균을 분리했다. 이듬해 파스퇴르 연구소에서 조수로 일하게 된 그는, 아르헨티나Argentina에서 북아프리카 지역으로 파견되어 구근균을 식물에 뿌려서 메뚜기를 퇴치하려고 했다. 구근균을 생물 농약으로 활용한 셈이다. 그런데 구근균을 배양할 때 투명한 원형 반점이 생기는 일이 종종 있었다.

1915년 봄, 튀니지Tunisie에서 메뚜기 떼가 발생하자 그는 다시 투명한 반점을 목격했다. 노벨상 수상자인 미생물학자 샤를 장 쥘 앙리 니콜Charles Jean Jules Henri Nicolle은 그에게 "그 반점은 구근균이 옮기는 여과성 바이러스에 의한 것일지도 모른다"고 지적했다.

그해 여름, 파리로 돌아온 데렐은 프랑스 파리 교외에서 발생한 이질에 관해 조사하라는 지시를 받았다. 메뚜기 구근균에서 본 투명 반점이 생각난 그는, 병원에 입원한 이질 환자를 매일 관찰했다. 그는 입원 첫날에 환자의 변에서 이질균을 분리했다. 그 환자의 변을 샴벨란 여과기로 여과한 뒤 여과액을 시험관 내의 이질균에 넣어 배양하자, 균이 증식하면서 시험관이 탁해졌다. 다음날, 그다음 날에도 같은 결과가 나왔다가 나흘째 변의 여과액을 넣었더니 시험관이 투명해졌다. 그는 여과액에 있는 세균에 기생하는 바이러스가 시험관 속 세균을 용해했기 때문이라고 판단했다. 그에게는 새로운 아이디어가 떠올랐다. 시험관에서 일어난 것과 같은 현상이 환자의 장에서도 일어났다면 그 환자가 회복했을 것 같았기 때문이었다. 그래서 서둘러 병실에 가보니 전날까지 심한 설사에 시달렸던 환자의 증상이 개선되고 있었다.

데렐은 세균에 감염된 바이러스를 '박테리오파지'라고 명명하고 1917년, 미국 국립 과학원 회보^{미국 국립 과학원^{NAS}이 매주 발행하는 세계적인 학술지 – 옮긴이 주}에 〈이질균에 저항하는 보이지 않는 미생물에 관해〉라는 첫 논문을 발표했다. 이 논문에서 그는 파지를 세균 감염 치료 약으로 이용하자고 주장했다. 2년 뒤, 먼저 동물을 대상으로 이 아이디어를 시험할 기회가 찾아왔다.

1919년 봄, 한 마을에서 가금티푸스균^{Salmonella Gallinarum}이 대유행했다. 그는 병든 닭의 변에서 분리한 살모넬라^{Salmonella}가 가금티푸스의 원인이라는 점을 밝혀냈다. 그런 다음 회복한 닭의 변에서 파지를 분리해 식수에 섞었다. 그리고 병이 병든 닭에게 그 식수를 주었더니 병이 나았다.

동물을 대상으로 한 실험에 성공한 그는 같은 해 여름, 파리의 어린이 병원에서 12세의 중증 이질 환자에게 파지 요법을 실시했다. 일단 그는 아이에게 줄 양보다 10배나 많은 파지를 직접 마셔 그 물이 안전하다는 것을 알린 뒤, 환자에게 2밀리리터 분량의 파지를 마시게 했다. 그러자 그때까지 하루에 10회 이상 혈변을 봤던 환자의 증상이 다음

날엔 말끔히 사라졌다.

그 당시, 사람들이 두려워하던 이질에 엄청난 효과를 보인 파지는 세간의 주목을 받았고, 파지와 데렐의 이름은 세상에 널리 알려졌다. 사람들은 기초적인 발견보다는 질병을 치료했다는 성과에 주목하는 경향이 있다. 그 덕에 박테리오파지를 처음으로 발견한 트워트의 이름은 파지의 그늘에 묻히고 말았다.(16)(17)

'적의 적은 아군'이라는 원리에 기초한 파지 요법은 무척 매력적이었다. 데렐의 시험적 치료 이후, 파지 요법은 프랑스를 비롯해 이탈리아, 스페인, 네덜란드, 덴마크, 스웨덴, 미국에서 시행되었다. 특히 브라질에서는 큰 성과를 거두어 1924년에는 24개 사례의 이질 치료에 성공해 1만 병의 파지가 생산되어 브라질 전역에 배포되었다.

1926년, 노벨상 위원회는 해당자가 없는 상태였던 1925년의 노벨 생리의학상 최종 후보로 데렐을 추천했다. 그는 상을 받지 못했지만, 파지 요법의 업적을 그만큼 높게 평가한 것이다.(18)

파지 요법은 구소련에서도 중시되었다. 데렐의 협조를 얻어 조지아Georgia의 수도인 트빌리시Tbilis 엘리아바 박테리오파지 연구소가 설립되었고, 제2차 세계 대전 중에는 1,200명이 그곳에서 일했다.(19)

분자 생물학의 탄생

독일 태생의 미국 물리학자인 막스 델브뤼크Max Delbrück는 생명의 기초적 원리에 흥미를 느껴 1937년에 캘리포니아공과대학교California Institute of Technology 유전학자인 토머스 헌트 모건Thomas Hunt Morgan을 찾아갔다. 모건이 초파리 연구에서 염색체에 유전자가 존재한다는 점을 밝혀 1933년, 노벨 생리의학상을 받았던 시기였다. 그러나 델브뤼크는 초파리 연구보다 포스트 닥터인 에몰리 엘리스가 하는 파지 연구에 눈길이 갔다. 그는 파지가 세균을 용해하는 모습을 관찰하고 '한 개의 바이러스 입자가 한 개의 박테리아 세포에 침투해 20분이 지나면 박테리아 세포가 녹아 100개의 바이러스 입자가 방출되는 실험'에 완전히 빠졌다. 훗날 그는 그날부터 자기는 파지의 포로가 되었다고 말했다.

그에게 눈에 보이지 않는 파지 입자는 원자와 다름없는 존재였다. 그는 물리학의 관점에서 볼 때 생명의 수수께끼를 규명할 방법이 자기 눈앞에 있다고 생각했다. 그래서 델브뤼크는 엘리스와 함께 자기가 알고 있는 수학과 물리학 지식을 동원해 파지의 증식 사이클 과정을 자세히 조사했다.

1923년, 이미 데렐은 파지가 세균을 녹여서 생긴 반점(플라크)의 수를 세는 정량법을 고안했고, 그것을 이용해 파지의 사이클을 3단계로 가정했다.

① 파지 입자가 세균을 공격하는 단계

② 파지가 세균 안에 들어가 그곳에서 증식하는 단계

③ 세포를 파괴하고 자손 바이러스를 방출하는 단계

델브뤼크는 이 가정을 입증하기 위해 파지 사이클 단계를 연구할 수 있는 실험을 진행하기로 했다. 그 후 그는 '한 개의 바이러스 입자가 세균의 세포 속으로 들어가서 여러 개의 바이러스 입자가 생성될 때 무슨 일이 일어나는가, 그 가장 근원에 있는 것을 알고 싶었다'라고 기술했다.

일반적인 조건에서는 세포에서 방출된 새끼 파지가 금방 주위 세포에 감염해 2대째, 3대째의 새끼 파지를 생산한다. 그는 몇 분간 파지를 세균에 흡착시킨 뒤 파지와 세균의 혼합액을 희석해 파지 주위에는 아직 감염되지 않은 세균이 존재하지 않는 상태를 만들고, 증식 상황은 플라크 수를 통해 조사했다. 이 실험으로 앞서 말한 암흑기 등의 바이러스 증식 사이클이 처음으로 규명되었다.

1940년, 델브뤼크는 자기처럼 파지의 포로가 된 루리아와 앨프리드 데이 허시Alfred Day Hershey와 함께 파지 그룹을 만들었다.

델브뤼크는 1949년, 《물리학자의 관점에서 본 생물학》이라는 에세이에서 1930년대에서 40년대에 걸친 분자 생물학의 창시자들이 어떤 활동을 했는지 기술했다. 당시 유전학자는 생화학자에게 3가지 중요한 문제인 ① 유전자는 무엇으로 이루어지는가 ② 어떻게 복제되는가 ③ 어떻게 작용하는가를 제시했다.

그들은 이 유전 생화학의 문제를 생물학의 관점에서 바라보았다. 1952년, 허시는 DNA가 유전자를 결정한다고 발표했다. 이듬해인 1953년에는 제임스 듀이 왓슨이 DNA의 이중 나선 구조를 발표해 분자 생물학이 탄생했다.(20)(21)(22) 퍼지 그룹의 창시자인 세 명은 1962년, 바이러스의 복제 기구와 유전자 연구로 노벨 생리의학상을 받았다.

20세기 바이러스 연구의 발전은 다음과 같이 요약할 수 있다. 인간과 가축의 바이러스를 대상으로 한 병원 바이러스 연구로 인해 감염증에서 인간과 가축의 건강을 지켜주는 백신의 황금시대가 시작되었다. 1만 파지 연구는 동물바이러스학의 기반을 공고히 하고 분자 생물학을 탄생시켜 생명 과학이 발전할 수 있는 원동력이 되었다.

바이러스 입자를 보는 데 성공하다

1939년, 최초의 바이러스학 국제 학술지인 〈종합적 바이러스 연구 기록Archives of Virology〉이 탄생했다. 이 잡지의 제1호(1940년)에 독일 베를린대학내과의 31세 연수의 헬무트 루스카가 초현미경Ultramicroscope, 빛의 산란을 통해 작은 입자를 볼 수 있게 물체에 빛을 비추는 시스템을 갖춘 현미경의 중요성을 제창한 논문이 게재되었다. 그의 형이자 최초의 전자 현미경을 개발한 에른스트가 논문 공저자로 이름을 올렸다.

헬무트는 전자 현미경으로 담배모자이크바이러스의 입자를 관찰할 수 있었다. 처음으로 바이러스 모양 그대로를 보는 데 성공한 것이다. 그 뒤 그는 수두바이러스와 파지 입자도 전자 현미경으로 관찰할 수 있었다. 그리고 모든 바이러스를 입자 형태에 기초해 계통적으로 분류할 것을 제창했다. 이 원칙은 바이러스 분류법의 초석이 되었다.(23) 또한 '바이러스는 액체일까 입자일까'하는 논쟁도 이 무렵에야 결론이 났다. 1986년, 에른스트 어거스트 프리드리히 루스카 Ernst August Friedrich Ruska 는 전자 현미경에 관한 기초적 연구로 노벨 물리학상을 받았다. 헬무트는 루스카가 노벨상을 받기 13년 전에 사망했다.

그때까지 바이러스의 존재는 동물이나 식물에 대한 병원성 또는 파지에 의한 세포 파괴처럼 바이러스가 활동한 흔적으로만 확인할 수 있었다. 그러나 전자 현미경으로 바이러스의 정체를 볼 수 있어 바이러스를 분류할 수 있게 되었다.

바이러스를 범인으로 한 추리 소설에 비유한다면 20세기 전반은 범행 흔적만으로 동일범인지 아닌지를 판단했던 시대였다. 그러다가 20세기 후반부터 전자 현미경으로 범인의 모습을 볼 수 있게 되었다. 요즘에는 바이러스의 지문이라 할 수 있는 유전자 검출이 수월해졌고, 지구에 널리 존재하는 바이러스의 지문 데이터베이스가 축적되기 시작했다. 그리고 지금, 과거 30억 년간 바이러스의 놀라운 역사가 속속 밝혀지고 있다.

최초로 인플루엔자바이러스를 발견한 과학자

2010년 말, 나의 오랜 친구인 프레더릭 머피(텍사스대학교 교수)가 데이코쿠대학 전염병 연구소 연구원으로 추정되는 T. 야마노우치T. Yama-nouchi라는 일본인 과학자에 관해 질문하는 이메일을 보냈다. 그는 1918년 스페인 독감이 유행했을 때 〈란셋〉지에 '인플루엔자의 원인은 바이러스'라고 발표한 사람이었다. 그 외에도 바이러스를 발견했다는 연구 결과가 있지만, 야마노우치의 연구 결과가 가장 명확했다. 이메일에는 나와 성이 같은 것으로 보아 나와 친척일 것 같은데, 그의 사진을 보내 줄 수 있냐는 내용이었다. 그는 에볼라바이러스를 전자 현미경으로 촬영한 것으로 유명한 바이러스학자였고, 방대한 사진과 그림을 싣는 바이러스학 발전에 관한 역사책을 쓰고 있었다.

사실 그는 나와 아무 관계도 없는 사람이었지만 전염병 연구소는 내가 일했던 의과학 연구소의 전신이었고, 나와 같은 성을 가진 사람이 당시 그런 발표를 했다는 것에 흥미를 느껴 어떤 사람인지 조사해 보았다.

T. 야마노우치는 '야마노우치 타모쓰'와 동일 인물이었다. 1906년, 그

는 데이코쿠대학 의과대학(도쿄대학 의학부의 전신)을 졸업한 뒤, 유럽으로 유학을 떠나 파스퇴르 연구소 소장인 일리야 메치니코프^{Ilya Mechnikov}밑에서 연구하다 10년 뒤인 1916년에 일본으로 귀국했다. 그의 모습은 메치니코프가 이끌었던 러시아 조사단◆단체 사진에서 찾을 수 있었다.

1908년에서 1909년까지 야마노우치는 직속 상사인 콘스탄틴 레바디티^{Constantin Levaditi}와 공저로 아톡실^{Atoxyl}이라는 화학 물질이 매독에 미치는 효과를 다룬 논문을 몇 편 발표했다. 아톡실은 독일의 파울 에를리히^{Paul Ehrlich}와 일본 의학자 시가 키요시^{志賀 潔}가 개발한 물질이다. 레바디티는 에를리히의 포스트 닥터를 마친 뒤 1900년부터 파스퇴르 연구소에서 일했다. 1905년, 독일의 미생물학자 프리츠 샤우딘^{Fritz Schaudinn}이 매독의 원인균인 스피로헤타^{Spirochaeta pallida}를 발견했지만, 당시 파스퇴르 연구소에서는 메치니코프를 중심으로 매독에 대해 집중적으로 연구했다.

1908년, 메치니코프와 에를리히는 면역학에 공헌◆◆한 것을 인정받아 노벨 생리의학상을 함께 받았다. 야마노우치의 논문은 그 시기에 쓴 것이었다. 그 뒤 에를리히 연구팀 팀원인 일본인 유학생 하타 사하치로

◆ 러시아에서는 결핵이나 페스트에 관한 실태 조사를 하고 있었고, 야마노우치는 팀원 4명 중 한 명으로 참여했다.

◆◆ 메치니코프는 백혈구 식작용을 관찰해 세포성 면역의 개념을 세웠고, 에를리히는 항체의 생산 기능에 관한 가설을 제창했다. 두 사람은 면역학의 기초를 쌓은 인물로 평가받았다.

<ruby>秦 佐八郎<rt></rt></ruby>가 아톡실의 화학 구조를 606번 바꿔 최초의 매독 치료 약인 살바르산(통칭 606호)을 개발했다. 한편 1908년, 란트슈타이너가 빈대학교에서 원숭이 접종 실험을 통해 폴리오는 바이러스에 의한 것이라는 사실을 밝혔다. 그는 그 후에도 레바디티의 연구실에서 원숭이 접종 실험을 계속해 폴리오바이러스가 신경 외 다른 조직에서도 증식한다는 사실을 알아냈다. 란트슈타이너는 훗날 혈액형을 발견해 노벨 생리의학상을 받았다.

야마노우치 타모쓰는 세 명의 노벨상 수상자와 시가, 하타처럼 쟁쟁한 연구자들과 함께 당시의 가장 '핫한 주제'였던 매독 연구에 참여한 인물이었다.

그런데 스페인 독감이 유행했을 때(1918년)는 이미 인플루엔자균이 병원체라고 인식했고(10), 백신도 제조되어 있었다. 코흐 문하의 리하르트 파이퍼Richard Pfeiffer가 1892년, 러시아 감기◆로 불리던 인플루엔자가 유행할 때 인플루엔자균을 분리했기 때문이다.

파지 요법의 부활

처음에는 항생 물질이 극적인 효과를 보이지만, 얼마 지나지 않아 내

◆ 러시아 감기는 유럽 철도망이 시베리아의 바이칼 호수까지 넓히던 시기에 일어난 판데믹이었다. 일본에서도 1890~91년에 발생해 '오소메히사마쓰'라는 별명이 붙었다. 이 말은 '반드시 친구를 끌어들인다'라는 뜻이며 얼마나 전염력이 강했는지 알 수 있다.

성균이 생기면 효과가 약해진다. 항생 물질을 개발해도 금세 내성균이 생겨, 제약업계는 새로운 항생 물질을 개발할 의욕이 줄었다. 그래서 자연스럽게 효과적인 항생 물질이 점차 고갈되고 있다. 세계 보건 기구에 따르면 현재 새롭게 임상 시험에 들어간 항생 물질은 51종에 지나지 않으며, 5년 내에 시장에 출시되는 것은 10종 이하로 예상한다. 영국의 약제 내성균 조사팀은 2050년에는 약제 내성균에 의한 사망자가 천만 명에 달할 것으로 예측한다. 이는 암으로 사망하는 820만 명을 뛰어넘는 숫자이다.

1990년대부터 파지 요법이 항생 물질을 대체하는 치료법으로 주목을 받고 있다. 파지는 특정한 세균을 목표로 하므로 일일이 그 세균에 맞는 파지를 선택해야 한다는 번거로움이 있지만, 항생 물질처럼 유익한 균까지 공격하지 않는 것이 장점이다.

21세기에 들어와 대장균이나 이질균에 의한 설사, 녹농균에 의한 귀의 염증, 포도상구균 등에 의한 피부 감염증과 같은 다양한 감염증을 치료하기 위해, 파지를 이용한 여러 임상 시험이 진행되고 있다. 또 파지를 혼합한 처방도 시도 중이다. 그러나 파지 요법에 관한 지침이 미흡한 점이 있어 정식 승인이 난 파지 요법은 아직 없다.(24)

한편으로 게놈 편집Genome editing이라는 혁신 기술을 적용한 파지 요법을 개발 중이다. 미국의 로카스 바이오사이언스Locus Bioscience◆는 항생 물질에 대한 내성 유전자를 파괴할 수 있게 변형한 파지를 개발 중이다. 파지에는 내성 유전자(표적)를 찾아주는 안내 RNA(guide RNA)와 Cas3라는 인공 효소 유전자^{가위의 일종 - 옮긴이 주}를 코딩하는 DNA가 들어 있다. 일단 파지가 세균을 감염시키면 Cas3가 세균의 DNA에서 내성 유전자를 절단한다. 또 다른 유전자 가위인 Cas9은 DNA의 이중 가닥을 깨끗하게 절단하는 반면, Cas3는 모든 DNA를 완전히 분해한다. 이것은 DNA가 복원되지 못해 내성균이 죽는 구조다.(25)

파지 요법은 아직 치료제로 쓰이지 않았지만, 식중독 방지 수단으로는 일부에서 이미 실용화되었다. 리스테리아균^{Listeria}은 소나 양 등에 널리 존재하며, 유제품, 식육, 샐러드에서 식중독을 일으켜 때로는 죽게 만드는 균이다. 미국의 인트라리틱스가 개발한 6종류의 리스테리아균 파지의 혼합 제품은 2006년에 식품 첨가물로 승인되어 햄 등의 인스턴트 가공육, 생채소, 과일 등에 뿌려지고 있다. 인트라리틱스는 식중독의 최대 원인균 중 하나인 살모넬라에 효과적인 파지 제품을 개발해 닭고기, 어패류, 채소, 과일 등에 직접 사용해도 지장이 없음을 입증한 결과, 2013년에 인증받았다.(26)

◆ 　이 벤처 기업을 세운 로돌프 버랭구 박사는 세균의 파지에 대한 획득 면역의 구조를 발견해 게놈 편집 기술을 개발했다.

제3장
바이러스는 어디에서 오는가

·

·

바이러스는 동물, 식물, 세균에서 분리할 수 있다. 그중 동물바이러스와 식물바이러스는 대부분 질병의 원인으로 분리되었기 때문에 예전에는 바이러스를 세균의 한 종류라고 생각했다. 그래서 바이러스의 기원이 화제가 되진 않았다.

그런데 세균 바이러스인 파지는 처음 발견했을 때부터 세균과 다른 존재라고 여겨졌다. '파지'라는 이름을 붙여준 데렐은 이미 1923년, 파지의 본체를 '세균에 기생하는 자율성 초미생물'이라는 가설을 세워 세균보다 뛰어난 미생물이라고 생각했다.[1] 여기서 바이러스가 세균과 다른 것이라고 한다면 그것은 어디에서 왔을까, 라는 궁금증이 생겼다.

바이러스 기원에 관한 3가지 가설

바이러스학은 20세기 전반에 생물학적 기법에서 더욱 세련된 생화학적 기법을 이용하는 학문으로 변화하며 황금기를 맞았다. 오스트레일리아Australia 위하이Walter and Eliza Hall Institute of Medical Research, WEHI 연구소 프랭크 맥팔레인 버넷Frank Macfarlane Burnet◆은 그 시대를 대표하는 바이러스학자로, 바이러스의 생물학적 특성에 관해 많은 업적을 거두었다.

그는 인간의 관점에서 본 바이러스학(병원 바이러스학)과 바이러스의 관점에서 본 생물학을 똑같이 중시했다. 태평양 전쟁이 한창이었던 1944년, 그는 미국 하버드대학교Harvard University에서 열린 에드워드 던햄 기념 강연에 초청받아 사흘 동안 '인간의 바이러스병 – 진화적 및 생태학적 고찰'이라는 주제로 강연했다. 이 강연 내용은 훗날《생물로의 바이러스Virus as Organism》라는 책으로 출간되었다.(2) 그는 책에서 바이러스의 기원에 대해 ① 세포에서 도망 나온 유전 인자 ② 세포 또는 생물이 나타나기 전, 시대의 흔적을 반영한 것 ③ 세균과 같은, 바이러스보다 큰 병원 미생물이 퇴화한 자손이라는 3가지 가설을 제창했다. 이 가설들은 수정을 거쳐 바이러스의 기원에 관한 강론의 뼈대가 되었다.

그 이후 20세기 후반 바이러스의 기원에 관한 논의가 한동안 잠잠했

◆ 정식 이름은 프랭크 맥팔레인 버넷이지만, 아버지의 이름이 프랭크 버넷이라서 주로 맥팔레인 버넷으로 불린다.

다. 그러나 21세기에 들어와 미미바이러스를 비롯한 거대 바이러스를 발견하면서 다시 논의가 활발해졌다.(3)(4)(5)

이제부터 버넷이 제창한 3가지 가설을 통해 바이러스가 먼저인지 세포가 먼저인지를 살펴보자.

이미 존재했던 바이러스

이 지구에 어떻게 생명이 탄생했을까? 일설로는 지구 생명은 원시 스프Primordial soup에서 자기 증식하는 RNA에서 출발했다고 생각한다. 그저 문자열이 모여 있는 분자인 RNA가 어떻게 자기 증식을 할까? 실은 RNA에는 자기 서열을 자르거나 붙이는, 소위 컷 앤 페이스트Cut and paste 기능을 가진 것이 있으며 이를 리보핵산RiboNucleic Acid, RNA이라고 한다. 다시 말해 RNA는 유전 정보뿐 아니라 복제를 지원하는 기능도 있다. 이 가설은 세포가 탄생하기 전에 RNA가 RNA에 의해 증식했다고 생각하는 것이므로 'RNA 세계 가설'이라고 불린다.

그리고 바이러스는 이 RNA 세계 시대에 자기 증식성 RNA에서 진화했다는 가설이 있다. 이 설을 지지하는 존재로는 바이러스와 비슷한 바이로이드Viroid, 바이러스보다 구조가 간단한 식물의 병원체로 바이러스 같은 것이라는 뜻 - 옮긴이 주라는 유전 인자가 있다.

바이로이드는 1970년에 감자가 성장하지 않는 병을 원인으로 했으며,

처음으로 분리되면서 많은 작물에 병을 일으킨다는 사실이 밝혀졌다. 바이로이드는 가장 작은 바이러스의 5분의 1 정도 크기이자 바이러스보다 더 작고 단백질 껍질(캡시드) 없이 RNA로만 이루어져 있다. 또 캡시드는 없지만, 바이러스의 동료로 '서브 바이러스'로 분류된다. 그 RNA에는 유전 정보가 담겨 있을 뿐만 아니라 리보핵산 기능이 존재한다. 그러므로 바이러스는 RNA 세계 시대의 흔적을 가진 존재로 간주한다. 이 설이 정확하다면 바이러스는 세포보다 먼저 탄생했다는 말이 된다.

또 하나의 근거로 바이러스 입자의 골조를 형성하는 캡시드의 구조를 들 수 있다. 바이러스 입자를 초저온에서 급속 냉각한 후 얼음에 가둬 전자 현미경으로 관찰하는 '저온 전자 현미경 기술'에 의한 성과다.

1974년, 미국 미시간주의 하수에서 분리된 PRD 1이라는 파지가 있다. 이것은 대장균이나 살모넬라에 스스로 감염되는 파지다. 이 파지의 캡시드 미세 구조를 저온 전자 현미경이나 결정 구조의 X선 해석으로 조사했더니, 그 결과를 확인할 수 있었다. 그에 따르면 이 캡시드는 도미노 같은 블록이 모여서 형성되어 있었다. 이 블록의 구조는 융단을 양쪽에서 가운데를 향해 말면 생기는 롤케이크 같은 형태로 논문에는 '더블 젤리 롤'이라고 쓰여 있었다. 이와 같은 구조가 인간의 아데노바이러스_Adenovirus_의 캡시드에서도 확인할 수 있다. 캡시드는 진화를 거쳐도 많이 변화하지 않았을 것이라고 추정된다. 세균 바이러스와 포유류의 바이러스 사이에서 캡시드의 기본 구조가 같은 것을 보면 두 바이러스는 공통된 선조에서 유래한다고 생각됐다.(6) 이것은 바이러스의 기원이 최소한 포유류^{진핵생물, 세포에 막으로 싸인 핵을 가진 생물로 원핵생물에 반대되는} 말 - 옮긴이 주와 세균의 공통 선조보다 전 시대까지 거슬러 올라간다는 것을 의미한다.

2003년에는 미국 옐로스톤 국립 공원의 산성 온천(pH2.9~9, 72~72도)에서 분리된 아케아^{Archeae}◆의 일종인 술포로부스^{Sulfolobus, 화산 활동이 일어나} 는 지역이나 지열이 높은 지역에서 서식하는 미생물로 고균에 속함 - 옮긴이 주에서 동그란 바이러스 입자가 발견되었다. 이 아케아를 지적 온도^{Optimal temperature, 효소의} 산소 반응 속도가 최대가 되는 온도 - 옮긴이 주인 80도에서 배양한 뒤, 저온 전자 현미경으로 관찰했다. 바이러스의 입자는 정이십면체로 표면에 총좌와 같은 돌기가 여러 개 존재하는 드문 형태를 띠고 있었다. 이 바이러스는 STIV(총좌가 부착된 정이십면체 술포로부스라는 영어 이름의 약자)라고 명명했다. 이 바이러스의 캡시드도 더블 젤리 롤 구조다.(7)

1990년, 미생물학자인 칼 리처드 우즈^{Carl Richard Woese}는 '역^{Domain, 城}'이라는 새로운 분류 단계를 도입해 생물을 세균, 아케아, 진핵생물로 나눴다. 이것들은 30억 년 이상 전에 공통된 선조(최후의 보편적 공통 선조,

---

◆ | 예전에는 고세균^{Archaebacteria}이라고 불렀지만, 지금은 세균과 다른 계열의 생물로 분류된다. 일본에서는 여전히 '고세균'이라는 명칭이 일반적이지만, 이 책에서는 정확성을 표현하고자 '아케아'라고 표기했다.

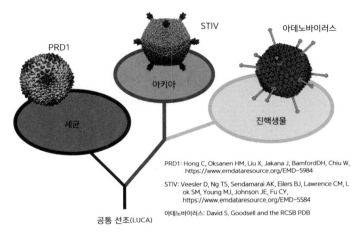

[그림 4] 3역에 공통된 바이러스 캡시드

LUCA라고 불림)로부터 갈렸다고 추정된다. 3역의 바이러스에 공통 기본 구조인 캡시드가 발견된 것은 LUCA 시대에 이미 바이러스의 선조가 존재했다는 증거라고 여겨진다[그림 4].

바이러스는 세포에서 도망친 유전자

두 번째 가설은 바이러스보다 먼저 세포가 존재했다는 것이다. 1950년대, 파지 그룹의 일원인 앙드레 미셸 루오프André Michel Lwoff는 어떤 종의 파지가 세균의 염색체에서 잠복하고 있는 것을 발견하고 이것을 프로파지Prophage라고 이름 붙였다. '프로'는 '전제'라는 뜻이니, 프로파지란 뜻은 '파지가 되기 전의 모습'이라는 의미이다. 잠복 중인 프로파지는 숙주인 DNA 속의 문자열에 지나지 않지만 프로파지가 새겨진 세균에 자외선을 쬐면 활성화되어 세균을 용해하고 새끼 파지가 방출된다.

파지는 DNA에 유전 정보를 기록한다. 그러면 RNA 바이러스의 경우는 어떨까? RNA 바이러스인 조류백혈병바이러스Avian sarcoma leukosis virus는 수많은 닭에게 어미에서 새끼로, 즉 수직 감염으로 전해진다. 1964년, 하워드 마틴 테민Howard Martin Temin은 조류백혈병바이러스의 RNA가 DNA로 역전사Reverse transcription 되어 닭의 염색체로 들어가는 것을 발견했다. 그는 이것을 '프로바이러스Provirus'라고 이름 붙였다. RNA 바이러스도 세포 유전자의 일종이 된 것이다. 1970년, 그는 포스트 닥터 과정을 밟는 미즈타니 사토시水谷 哲와 공동으로 조류백혈병바이러스의 일종인 라우스육종바이러스 입자에서 RNA를 DNA로 전사하는 역전사 효소를 발견해 프로바이러스가 합성되는 시스템을 규명했다.(제5장 참조)

단순한 문자열이었던 것이 바이러스가 되어 세포에서 빠져나갈 수 있다. 이 성과에서 '바이러스는 세포 또는 진핵생물의 세포 유전자가 도망쳐서 단백질의 껍질(캡시드)을 만드는 유전자와 만나 감염시킬 수 있게 되는 것'이라는 가설이 탄생했다. DNA 바이러스의 파지뿐 아니라 RNA 바이러스도 세포 유전자에서 유래한다(=세포가 먼저)고 인식된 것이다.(8)(9) 테민은 이 가설을 프로토바이러스설Protovirus theory이라고 명명했다. 프로토는 '원시原始'라는 뜻이다.

한편 1970년대 이후, 쥐 백혈병바이러스의 게놈에서 세포 유래의 종양 유전자를 연달아 발견했다. 쥐 백혈병바이러스에도 역전사 효소 유전자가 존재한다. 연구진은 이 역전사 효소 유전자에 의해 바이러스 RNA가 세포 DNA로 역전사되어 세포의 게놈에 각인되고 바이러스가 활성화해서 방출될 때 세포 유전자를 훔쳤다고 생각했다. 그 뒤 다양한 바이러스에서 세포 유래의 유전자를 관찰할 수 있었다. 이런 발견에서 바이러스의 기원을 설명했던 '도망설'은 '이미 존재했던 바이러스가 진화 과정에서 세포 유전자를 훔친다'는 '절도설'로 변하고 있다. 후자의 가설에서 바이러스와 세포 중 무엇이 먼저인가 하는 문제는 화제의 중심에서 다소 멀어졌다.

절도설은 거대 바이러스의 기원에서도 제창된다. 미국 국립 위생 연구소의 유진 빅토르비치 쿠닌Eugene Viktorovich Koonin은 '거대 바이러스는 작은 바이러스가 진화하는 과정에서 숙주의 유전자를 여러 번 흡수하며 거대해졌다'라고 발표했다. 단백질을 구성하는 아미노산은 20종이 있다. 2017년, 오스트리아Austria의 클로스터노이부르크Klosterneuburg시 하수 처리장에 사는 아메바에서 바이러스를 분리했다. 그 바이러스(클로스노이바이러스Klosneuvirus)에는 모든 아미노산의 합성에 관한 유전자가 있었다. 계통수系統樹, 동물이나 식물의 진화 과정을 나무줄기와 가지의 관계로 표시한 것 - 옮긴이 주를 만들어 보니, 이 유전자는 모두 아메바 유래로 추측할 수 있었다. 이것으로 그들은 '거대 바이러스는 아메바 세포에서 훔쳐낸 유전자를 가지고 부풀어 올랐다'고 주장한다. 즉, 세포에서 많은 유전자를 훔쳐 집(캡시드)을 크게 키운 '도둑'인 셈이다. (10)(11)

바이러스는 세포가 퇴화한 것

'세포가 먼저'라고 생각하는 가설이 또 있다. 세포가 진화하면서 그 기능을 서서히 잃으며 복제에 필요한 유전 물질만 남아 바이러스가 되었다는 가설이다.

실제로 기능을 상실하는 것처럼 보이는 생물이 발견되었다. 가장 작은 세포 생물인 세균이 퇴화한 예로, 클라미디아Chlamydia라는 미생물이 있다. 이것은 성기 클라미디아 감염증과 인플루엔자와 흡사한 클라미디아 폐렴, 과립성 결막염 등을 일으킨다. 클라미디아는 일반적인 세균보다 작고 인공 배지에서는 증식할 수 없으며 세포 속에서만 증식하기 때문에 세균이 퇴화했다고 추측한다. 클라미디아도 엄연한 세균이지만 그 증식 메커니즘에는 바이러스와 유사한 면이 있다. 클라미디아는 세포 밖에서 기본 소체基本小體, 바이러스에 감염된 조직의 세포 내에서 볼 수 있는 알갱이 모양의 물질을 뜻함라는 형태를 띤다. 기본 소체는 바이러스 입자와 마찬가지로 활성은 없지만, 감염성이 있다. 동물에 감염시키면 세포 내에서 분열해 증식한 뒤, 다시 기본 소체가 형성되고 세포가 파괴되면 세포 밖으로 튀어 나가 다시 주위에 있는 세포를 감염시킨다.

얼핏 이 라이프 사이클은 바이러스와 비슷하다. 그래서 버넷 시대에 클라미디아는 바이러스로 분류되었다. 그러나 클라미디아는 숙주 세포 안에서 이분열을 반복하며 증식한다. 그래서 현재는 세균 클라미디아 속으로 분류된다.

또 하나의 예로 세포의 소기관인 미토콘드리아^{Mitochondria}가 있다. 이 것은 알파 프로테오박테리아^{Alph aproteobacteria}라는 세균이 세포에 들어가 퇴화한 것이다. 우리 진핵생물은 모든 세포 내에 미토콘드리아를 갖고 있다. 이것 역시 바이러스와는 전혀 다른 존재다.

그러나 세포가 퇴화해 바이러스가 되기까지의 중간적 존재라고 생각 될 만한 것이 더 이상 발견되지 않았고, 사실상 퇴화설은 오랫동안 방 치되었다.

그런데 2003년, 미미바이러스를 발견하자 다시 퇴화설이 주목받고 있다. 미미바이러스나 그 뒤에 발견한 많은 거대 바이러스는 입자 크기 가 소형 세균보다 클 뿐 아니라 게놈에 단백질 합성에 관한 유전자 등 의 세포 유래로 생각되는 유전자가 있다. 이 유전자에서 계통수를 만들 어 보면 진핵생물이 나타난 시대에 거대 바이러스의 선조가 존재했던 것이 추정되었지만, 생물계의 3역 중 어느 것에도 해당하지 않았다. 그 래서 미미바이러스를 발견한 디디에 라울^{Didier Raoult}과 장-미셸 클라베리 교수는 거대 바이러스의 선조는 이미 절멸한 제4의 역에 속하는 세포성 물질이고, 진화 과정에서 대부분의 세포 인자가 상실되어 거대 바이러스가 되었다고 주장한다.(12)

이것은 앞서 말한 쿠닌의 절도설과 대립하는 견해다.

바이러스의 화석을 발굴하는 고바이러스학

지금까지 버넷의 3가지 가설에 관한 논의를 살펴보았다. 최근 현존하는 바이러스가 나타난 시기를 추측하는 고바이러스학 연구가 진행되며 몇몇 바이러스의 내력이 밝혀지고 있다.

DNA 바이러스가 정자나 난자와 같은 생식 계열 세포에 감염하면, 드물게 바이러스 DNA가 게놈에 삽입될 때가 있다. 이 시점에서 바이러스는 죽고, 삽입된 시대의 모습으로 숙주인 유전자로 남아 존재한다. 고바이러스학은 이것을 '바이러스 화석'이라고 간주하며, 그것이 삽입된 동물이 나타난 시기를 토대로 바이러스가 존재했던 시대를 추정한다. 고생물학은 화석이 발굴된 지층의 연대 등에서 생물이 생식했던 시대를 추정하는데, 바이러스 화석은 숙주 동물이 지층에 해당한다.

또 고등 동물에서 하등 동물까지 널리 감염시키는 바이러스는 유전자나 캡시드 구조에 조금씩 차이가 있다. 진화 생물학의 관점에서 이 상이점을 동물 진화의 계통수와 대조하며 출현 시기를 추측하는 시도가 B형 간염바이러스와 헤르페스바이러스에서 진행되고 있다.

공룡 시대에도 존재했던 B형 간염바이러스

B형 간염바이러스는 전 세계에서 약 3억 명 정도 감염된 DNA 바이러스다. 급성 감염일 때 바이러스는 약 1주~2주 정도 지나면 배제되지만, 만성 감염은 바이러스가 간에서 지속 감염되어 이동 수단 상태가 된다.

B형 간염바이러스는 인간, 유인원(침팬지), 설치류(우드척 다람쥐, 리처드 슨땅다람쥐 등) 등의 포유류에 감염되는 것과 조류(거위, 왜가리, 두루미)에 감염되는 것의 두 가지 속屬으로 나뉜다.

이 바이러스의 유전자 서열에서 계통수를 만들어 조사해 보니 포유류와 조류의 B형 간염바이러스에 공통 선조 바이러스가 존재했던 것은 3만 년~12만 5천 년 전으로 추정되었다. 예상보다 오래되지 않은 기간이다. 다만 이 방법으로는 바이러스의 숙주인 생물을 대상으로만 비교할 수 있고, 과거에는 바이러스의 숙주였지만 현재는 숙주가 아닌 생물은 분석 대상으로 삼을 수 없다.

미국 텍사스대학교 게놈 연구팀은 고바이러스학의 기법으로 B형 간염바이러스가 나타난 시기를 추정했다. 그들은 먼저 미국 국립 생물 공학 정보 센터NCBI의 10만 종 이상 생물 유전 정보 데이터베이스로 인간

B형 간염바이러스의 배열을 검색했다. 그러자 유일하게 참새목에 속하는 금화조에서 B형 간염바이러스의 유전자 조각, 즉 '바이러스 화석'을 발견했다. 금화조는 참새목의 작은 새로 아름다운 소리로 운다고 해서 예부터 관상용으로 인기가 많은 새다.

B형 간염바이러스의 유전자가 언제 금화조의 게놈에 삽입되었는지 알기 위해 가까운 친척뻘인 몇 종의 작은 새 게놈에서 바이러스 유전자 배열을 조사했다. 가장 먼 친척뻘인 태양조에 바이러스 화석은 없었지만, 그다음으로 먼 친척인 검은눈방울새에는 존재했다. 이들의 종이 분기한 시대는 3,500만 년~2,500만 년 전으로 추정된다. 이런 성과로 이 시대에 B형 간염바이러스의 유전자가 삽입되었다고 추정할 수 있었다. B형 간염바이러스가 다양한 숙주를 건너면서 인류보다 훨씬 오래 살아 있다는 사실이 밝혀진 것이다.

또 금화조의 아종亞種 끼리 바이러스 화석 유전자에 아주 약간 변이가 발견되었다. 아종은 게놈 내의 바이러스 화석이 변이하는 것보다 1,000배 이상 빨리 변이한다는 결론을 2010년에 발표했다.(13) 이 보고는 현재 숙주인 생물만을 이용해 추정한 선조 바이러스의 출현 연대와 고바이러스학에 의해 추정된 출현 연대에 큰 차이가 있는 이유를 어느 정도 설명한다.

이 보고서를 읽은 독일 뮌스터대학교Universität Münste 연구팀은 금화조와 먼 친척인 새를 포함한 조사를 진행했다. 2013년, 연구팀은 바이러스 화석을 가진 새의 공통 선조가 8,200만 년 전에 존재했을 것이라고 발표했다. 8,200만 년 전이면 공룡이 살아 있던 중생대 후기에 해당한다.(14) B형 간염바이러스는 그 뒤에 일어난 대절멸 시대에도 살아남아 숙주를 거친 것이다.

신석기 시대 사람 뼈에서 분리된 B형 간염바이러스의 게놈

앞서 말했듯이 게놈의 데이터베이스를 해석함으로써 훨씬 예부터 생물의 진화와 함께 E형 간염바이러스가 이어져 온 것이 밝혀졌다. 2018년, 독일의 막스 플랑크 감염 생물학 연구소Max Planck Institute for Infection Biology와 미국 예일대학교Yale University 연구팀은 독일의 작센-안할트주Land Sachsen-Anhalt에서 인체를 발굴했다. 그들은 신석기 시대의 사람 뼈에서 실제로 B형 간염바이러스의 DNA를 검출했다고 발표했다.

어떻게 그런 일이 가능했을까? 그들은 먼저 치아를 분말 상태로 만들어 DNA를 추출·해석해 B형 간염바이러스 조각을 분리했다. 그리고 그것들을 이어 맞춰 바이러스의 모든 게놈을 회수했다. 이렇게 해서 지금으로부터 7천 년 이상 전의 유럽에서 B형 간염바이러스가 이미 퍼져 있었다는 사실을 확인했다.

이 두 사람이 살아 있던 시기는 2천 년이나 떨어져 있지만, B형 간염바이러스의 게놈은 비교적 비슷했다. 다만 현대인의 B형 간염바이러스보다는 오히려 현재 침팬지와 고릴라가 가지고 있는 B형 간염바이러스에 가까웠다. 현재 인간이 감염된 바이러스와는 다른 계열이므로 이미 사라졌을 것이라고 추측한다. 인간 사이에서의 B형 간염바이러스의 진화 과정은 매우 복잡하다는 사실을 알 수 있다.(15)

4억 년 전에도 존재했던 헤르페스바이러스

단순 헤르페스바이러스는 어릴 때 타액 등으로 감염된다. 단순 헤르페스바이러스에는 1형과 2형이 있고, 1형은 입술에 물집이 생기는 이른바 구순헤르페스Herpes labialis의 원인이 된다. 2형은 주로 성기 헤르페스Genital herpes를 일으킨다. 이 증상이 없어져도 1형 바이러스는 삼차 신경절, 2형 바이러스는 엉치뼈 신경절에 들어가서 평생 체내에 잠복한다. 스트레스에 노출되거나 면역력이 저하되었을 때, 신경 세포의 긴 돌기를 통해 바이러스가 상피 세포로 이동한 후 거기에서 증식하며 증상이 재발한다.

수두바이러스도 어릴 때 걸린다. 이른바 수포창이다. 회복해도 바이러스는 사라지지 않고 지각 신경절에 잠들어 있다가, 성인이 된 뒤 스트레스나 면역력 저하를 계기로 상피 세포로 이동해 증식한다. 상피 세포는 지각 신경의 주위에 있으므로 강한 통증을 수반하는 물집이 나타난다. 이것이 대상 포진이며 병명은 다르지만 어릴 때 감염되었던 수두바이러스가 원인이다. 그래서 현재 수두바이러스의 정식 이름은 '수두대상포진바이러스'로 바뀌었다.

헤르페스바이러스는 영장류를 비롯한 포유류(소, 말, 돼지, 개, 고양이), 조류(닭, 거위, 칠면조, 앵무새), 파충류(도마뱀, 코브라, 바다거북), 양서류(개구리), 어류(잉어, 연어, 메기, 장어) 등 척추동물에 널리 감염된다. 그뿐 아니라 무척추동물인 연체동물(굴)에도 감염된다. 모두 인간의 경우와 마찬가지로 지속 감염된다. 최근에는 다음과 같은 수산업에 대한 심각한 피해가 문제로 주목받았다.

2003년, 일본에서 잉어 헤르페스바이러스 때문에 양식용 잉어가 대량 폐사한 일이 일어났는데, 이 바이러스는 1990년에 유럽에서 관상용 비단잉어에 큰 피해를 주었다.(16)

또 1990년대 초, 프랑스에서 굴의 유생과 어린 개체가 비정상적으로 폐사했는데 굴 헤르페스바이러스가 원인이었다. 2008년에는 미숙한 양식용 굴이 굴 바이러스로 대량 사망했다. 이 또한 변종에 의해 병원성이 증가한 굴 바이러스가 원임이 밝혀졌다. 이 변이바이러스는 뉴질랜드에서 오스트레일리아로 확산되어 여기서도 굴의 대량 폐사가 발생했다.(17)

하등 동물에서 고등 동물까지 널리 존재하는 헤르페스바이러스는 바이러스가 숙주와 함께 진화한 경위를 파악하는 데 적합한 모델이다. 유전자의 염기 서열에서 계통수를 만들어 조사한 결과에 따르면, 포유류, 조류, 파충류의 헤르페스바이러스 공통 선조가 무려 4억 년 전인 데본기로 거슬러 올라간다. 바이러스의 단백질 껍질(캡시드)의 상세한 구조를 비교하면 헤르페스바이러스의 공통 선조는 무척추동물에서 척추동물이 나뉜 5억 년 이상 전인 캄브리아기로 거슬러 올라간다.(18)

헤르페스바이러스는 지속 감염되기 때문에 태고부터 동물의 계통진화와 함께 이어져 내려왔다고 추측한다.

우리는 많은 인간 바이러스에 감염되지만, 그것들은 인간에게서 태어난 바이러스가 아닌, 태고부터 생물과 함께 진화한 바이러스이다. 수천만 년에서 수억 년을 살아남은 바이러스가 겨우 20만 년 전에 나타난 호모 사피엔스에 감염해 인간 바이러스로 진화해 우리와 함께 살게 되었다. 고바이러스학과 진화 생물학은 지금까지 거의 알려지지 않았던 바이러스 진화 실태에 관해 앞으로도 흥미진진한 정보를 제공할 것이다.

면역학 가설을 제창하다

버넷은 오스트레일리아의 멜버른대학교University of Melbourne 의학부를 졸업한 뒤, 위하이 연구소에서 세균학을 연구했다. 또, 1925년부터 2년 동안 영국 런던대학교University of London 리스터 연구소에서 쥐에 파지를 접종해 면역 반응을 관찰하고 생성된 항체가 파지에 미치는 영향을 조사했다. 1927년, 그는 친구에게 쓴 편지에서 '파지는 생명의 기원을 포함해 보다 기본적인 진실을 발견하는 데 기여할 수도 있다'고 남겼다.(19)

버넷은 바이러스의 특성을 갖는 파지는 미생물이자 다양한 종류가 존재하며 세균 속에 잠복한다는(훗날 루오프가 제창한 프로파지) 등 바이러스의 기본적인 성질을 명확히 했다. 또 돌연변이를 일으키는 것도 관찰했다. 데렐이 파지를 '치료법 개발'이라는 관점에서 연구했다면, 버넷은 파지를 생물학적인 관점에서 관찰해 세균 유전학의 기초적 개념을 잡았다. 1927년에는 세균학의 교과서라고 불리는 대표적인 책에 파지에 관한 부분을 집필했다. 그는 훗날 막스 델브뤼크가 파지를 연구하며 개척한 분자 생물학이라는 새로운 분야(제4장)에 선구자적 역할을 했다고 평가받는다.

버넷의 연구는 파지의 성향과 기능을 해명하고 인플루엔자바이러스의 수용체를 특정했다. 또 유정란을 이용해 폭스바이러스Poxvirus, 우두, 점액종, 천연두 따위를 일으키는 병원성 바이러스의 측정법을 개발했다. 그런 다방면에 걸친 업적이 평가되어 1948년부터 1960년까지 51년, 52년, 57년을 제

외하곤 계속 노벨상 최종 후보로 올랐다.(20)

버넷의 진면목은 그 대담한 가설에 있었다. 그는 바이러스를 연구했을 뿐 아니라 면역학에 대해서도 꾸준히 연구함으로써 '자기 몸을 구성하는 물질이 항체나 면역 반응을 일으키지 않는 것은 태아일 때 체내에 존재하는 모든 항원성 물질이 자기 성분으로 받아들여지기 때문이다'라는 면역 관용의 개념◆을 제창했다.

1957년, 버넷은 '모든 항원에 대한 항체를 생성하는 림프구 클론이 유전적으로 존재하며 외부에서 들어오는 항원의 자극으로 클론 세포가 증식해 항체를 생성한다'는 '클론Clone 선택설'을 발표했다. 면역 반응을 림프구의 집단 움직임으로 해석한 그는, 그의 오랜 바이러스 연구 경험에서 바이러스의 유전학적 변이에 생각이 미친 결과, 문득 영감을 얻은 것이었다.

1980년, 버넷은 바이러스학이 아닌 면역 관용 개념과 클론 선택설을 제창해 근대 면역학의 초석을 세운 공적을 인정받아 노벨 생리의학상을 받았다.(19)

◆ 1970년대 초, 나는 국립 예방 위생 연구소(현 국립 감염 연구소)에서 일하다 버넷의 대저 《세균 면역학 - 자아와 비자아Cellular Immunology - Self and Not Self》를 알게 되었다. 이 책을 읽고 동료들과 토의한 일이 생각난다.

제4장
흔들리는 생명의 정의

.
.

증식하고 변화하는 거대 분자

바이러스를 발견했을 때 세균 여과기를 통과한다는 점을 제외하면 세균 등의 미생물과 다른 점이 없다고 생각했다. 그렇기 때문에 바이러스가 '살아 있다'고 생각하는 것에 특별히 이견이 없었다.

그러나 1935년, 웬들 메러디스 스탠리Wendell Meredith Stanley가 담배모자이크바이러스에서 핵산과 단백질의 '분자'를 결정화하는 데 성공했다. 이 분자는 직경이 약 15마이크로미터, 길이가 약 300마이크로미터, 분자량이 5천만 이상으로 이렇게 큰 것은 지금까지 한 번도 본 적이 없었다. 게다가 담배모자이크바이러스는 증식하고 변화하는 능력까지 갖췄다.

그때까지는 '생물과 무생물에는 뚜렷한 경계가 있고, 생명은 과학으로 설명할 수 없는 특별한 것'이라고 받아들여졌다. 그런데 바이러스는 생물인지 미생물인지에 대한 논쟁을 일으켰다. 당시 상황에 대해 가와키타 요시오川喜田 愛郎는 '오랫동안 생물이라고만 생각했는데 알고 보니 무생물이었다고 하기란 쉽지 않은 일'이라며 생물과 무생물의 경계를 묻는 난제를 제기한 바이러스학에 대해 당혹감을 드러냈다.(1)

그 후 '바이러스는 살아 있는가'라는 질문을 둘러싸고 논쟁이 이어졌다. 스탠리는 1957년 미국 철학회 기념 강연에서 아리스토텔레스의 '자연은 생물계에서 무생물계까지 서서히 이동하고 있어 양자의 경계선은 확실하지 않으며 아마도 존재하지 않을 것'이라는 말을 인용, 이 2000년 전 말의 본질은 과학적 지식이 축적된 지금까지도 여전히 진실이라고 지적했다.(2) 그리고 생명의 본질은 증식하는 능력이며, 그것에 에너지 이용이 관련있다고 말했다.

또 분자 생물학자 루이스 빌라리아는 세포보다 바이러스가 먼저 나타났다고 주장하며 '바이러스는 생명과 불활성 물질의 경계를 떠도는 기생물'이라고 했다. 국제 바이러스 분류 위원회 위원장을 맡았던 마르크 반 레장모텔은 '바이러스는 빌린 물질의 생명'이라고 정의했고, 분자 생물학의 창시자 중 한 명인 앙드레 루오프는 '바이러스를 생물로 간주하는가 아닌가는 취향의 문제'라고 했다.(3)

이렇게 다양한 견해가 나오는 배경에는 생명의 정의 자체가 분명하지 않다는 문제가 있다.

생명도 생물도 라이프(Life)

'바이러스는 살아 있는가'라는 논의에는 '생명이란 무엇인가'라는 문제가 깊이 관련되어 있다. 영어로는 생명도 생물도 'Life'다. '살아 있는 것'으로 구별할 때는 living organism, living agent 또는 living thing이라고 한다. 일본의《생물학 사전(제5판)》은 생물은 생명 현상을 영위하는 것이라고 하고, 생명에 관해서는 생물의 본질적 속성으로서 추상되는 것이라고 규정한다. 또《철학 사전》에서 생명은 '생물에만 있는 고유한 속성. 만약 생명의 개념을 전제로 생물을 정의하고 생물의 개념을 전제로 생명을 정의한다면 그것은 순환론이지만 우리는 현대 과학의 인식 위에서 먼저 생물을, 지구 역사의 한 시기에 놓고 발생하고 그 이후에 발전하여 서로 역사적 관련을 지을 수 있는 한 무리의 물질계로서 정의할 수 있다'라고 규정한다.

근·현대 과학에서 생명에 관한 논의는 분자 생물학과 물리학 분야에서 시작했다. 분자 생물학의 창시자인 막스 델브뤼크는 파지 연구를 시작하기 전인 1935년, 〈유전자 돌연변이의 본질과 유전자의 구조에 관해〉라는 논문에서 유전자가 '생명의 궁극 단위'가 될 것이라고 예상했다.(4) 양자역학을 창시한 물리학자 에르빈 슈뢰딩거Erwin Schrödinger는

1944년에 출간한 저서 《생명이란 무엇인가》에서 델브뤼크의 유전자 안전성에 관한 견해를 높이 평가했다. 그는 유전자를 분자로 묘사한 델브뤼크의 모형을 고찰하고 '생명은 규칙적이고 질서 있는 물질의 행동이며 그것은 질서에서 무질서로 이동하는 현상만을 기반에 두지 않고, 존재하는 질서를 유지하는 역할도 한다'고 말했다.(5)

그들이 시사하는 생명에 대해 구체적으로 어떻게 표현할 수 있을까? 우주 생물학은 생명의 정의가 분명하지 않으면 지구 밖의 생명을 어떻게 탐색하는지 계획할 수 없다는 문제가 있다. 1992년부터 미국 항공 우주국NASA의 지구 외 생명 탐사 계획 워킹 그룹은 생명의 정의에 관해 논의했다. 그리고 '예기치 못한 변화가 끊임없이 일어나는 환경에서 유전 정보를 분자로 기억하고 유지하는 방법으로 찰스 로버트 다윈Charles Robert Darwin의 진화론 외 이론은 존재하지 않는다'는 결론에 도달했다. 다윈의 진화론에는 자력 복제와 증식, 유전, 형태와 기능의 변이, 대사가 포함된다. 워킹 그룹의 중심인물인 제럴드 프랜시스 조이스Gerald Francis Joyce는 시험관에서 자력 복제하는 RNA를 연구해 인공 생명체를 만드는 것을 목표로 하고 있다. 그는 1994년, '생명은 다윈 진화가 가능한 자립적인 화학 시스템이다'라는 정의를 발표했다. 이것은 미국 항공 우주국의 작업상의 정의로 채택되었다.(6)(7)

세 단어로 생명을 정의할 수 있을까?

미국 항공 우주국의 정의 외에도 다양한 생물학자가 독자적으로 제안한 생명의 정의가 존재한다. 생명의 정의는 한두 개가 아니기 때문에 2011년, 이스라엘Israel 하이파대학교University of Haifa 진화 연구소의 에드워드 트리포노프는 이것을 언어학적으로 정리하려고 했다. 그래서 현대 병리학의 창시자 루돌프 피르호Rudolf Virchow가 1855년에 제창한 생명의 정의와 여러 분야의 과학자가 제창한 150여 개의 정의를 모아 중복된 내용을 제외하고, 123개의 정의에서 공통 키워드를 뽑아낸 후 간결하게 엮었다. 그 결과 '생명은 변화(진화)를 수반하는 자력 증식이 가능하고, 대사 활성을 하는 정보 시스템이며 에너지와 적절한 환경이 필요하다'라는 문구가 후보로 선택되었다. 이것을 더욱 간결하게 정리하기 위해 '대사'의 존재에는 '에너지'와 '재료' 공급이 포함되고, 이것들은 '환경'도 나타낸다고 판단했다. '자력 증식(복제)'은 가장 포괄적인 용어이므로 대사와 시스템도 의미한다고 보았다. 즉 자력 증식은 대사 시스템, 에너지 및 재료 공급이 있어야만 가능하다고 생각한 것이다. 이런 작업을 거쳐 최종적으로 생명은 'self-reproduction with variations(변이를 수반하는 자력 증식)'이라는 세 단어로 집약되었다. 123개의 정의 중, 이 키워드에 가까운 가장 간결한 정의는 1924년, 러시아(당시 소련)의 생화학자 알렉산드르 이바노비치 오파린Aleksandr Ivanovich Oparin이

말한 '복제와 변이를 할 수 있는 시스템은 모두 살아 있다'였다.(8)

바이러스는 복제해도 세포에 의존하며 자력으로는 증식할 수 없으므로 다닐 올레고비치 트리포노프Daniil Olegovich Trifonov에 의해 집약된 생명의 정의를 충족하지 못한다. 다만 '자력'이라는 조건에 관해 생화학자이자 과학책 저자인 닉 레인Nick Lane은 인간도 식사를 해야 하며 특정한 비타민 등의 외부 조력이 없으면 숙주가 없는 바이러스와 같은 운명을 맞이할 것이라고 지적했다.(9)

진화 생물학자인 존 메이너드 스미스John Maynard Smith는 생명을 '증식, 유전, 변이라는 성질을 가진 실체'라고 규정했다. 이 조건이라면 바이러스도 여기에 해당한다. 진화 생물학자이자 과학책 저자인 한 칼 짐머Carl Zimmer는 '생명의 무리에서 바이러스를 배제하면 어떻게 생명이 시작되었는지 파악하는 가장 중요한 단서를 잃을 것이다'라고 지적했다.(10)

자리를 움직이는 생물의 분류

다음으로 '생물'을 어떻게 분류했는지 살펴보자.

19세기 전반까지 생물은 동물과 식물을 가리켰다. 거기에 1980년, 파스퇴르가 포도주나 맥주를 발효시키는 효모(진균)를 발견해, 효모는 '살아 있는 아주 작은 생물'에 포함됐다. 1876년에는 하인리히 헤르만 로

베르트 코흐가 탄저균을 분리했다. 그때는 진균도 탄저균과 마찬가지로 세균의 한 종류로 인식했는데, 진균에는 핵이 있고 세균에는 핵이 없다는 점에서 20세기 중반, 생물은 진핵생물(동물, 식물, 진균)과 원핵생물(세균)로 나뉘었다.

1970년대에 유전자 해석 기술이 탄생하자, 다양한 생물의 DNA와 RNA의 배열이 해독되었다. 생물 물리학자인 미생물학자 칼 리처드 우즈는 '모든 세포가 가진 가장 기본적인 특정인 단백질 합성 기능은 진화 과정에서 안정적으로 유지된다'고 생각했다. 거기서 단백질 합성을 위한 세포 내 소기관인 리보솜Ribosome, 세포질 속에 있는, 단백질을 합성하는 단백질과 RNA로 된 아주 작은 알갱이의 구조에 기반해 생물의 계통수를 만들자는 생각이 미쳤다. 우즈는 해석하는 구조에 리보솜의 일부인 16S RNA를 선택했다.

이 연구는 생물의 계통수를 크게 바꿔 쓰는 놀라운 성과를 거두었다. 1977년, 그는 산소가 존재하지 않는 늪지 바닥에서 증식하는 메탄산생균의 16S RNA의 유전자 구조가 다른 세균과는 매우 다르다는 것을 알아차렸고, 그것에 '고세균'이라는 매력적인 이름을 붙였다. 1978년에는 염전 등에서 증식하는 고도 호염균이, 1979년에는 미국 옐로스톤 국립공원의 간헐천에서 분리된 초호열균이 고세균 무리에 추가되었다.

그 뒤 이 고세균이라는 이름은 바뀌었다. RNA 합성 효소를 연구했던 독일의 생화학자 볼프람 지리히가 우즈의 연구에 흥미를 느껴 초호열균 등의 RNA 합성 효소를 조사하자, 세균의 효소보다도 복잡하고 진핵생물에 가깝다는 것을 알았다. 1983년에는 효모(진핵생물)의 RNA 합성 효소에 대한 항체는 고세균을 인식해도 세균은 인식하지 않는다는 사실이 밝혀졌다. 그래서 고세균은 세균보다도 진핵생물에 가깝다는 것이 확인되었다. 1990년, 우즈는 고세균을 세균과는 다른 계열의 생물이라고 판단해 명칭부터 '세균(박테리아)'을 삭제하고 '아키아(Archae)'로 바꿨다. 그 후 우즈는 생물계를 진핵생물, 세균, 아키아라는 3역으로 분류하자고 제안했으며, 그의 제안은 정설로 자리 잡게 되었다.(11)

새로운 생명관의 제창

사람들은 생물을 관찰할 때 육안에서 현미경으로 형태를 관찰하고, 나중에는 리보솜의 유전자를 해석해서 분류했다. 과학 기술이 발달하자 생물의 전부라고 생각했던 식물과 동물은 생명의 계통수 중 작은 가지의 일부분이라는 것이 밝혀졌다. 어쩌면 지금도 우리는 나무의 전체 모습을 보지 못하고 있을 수도 있다.

21세기에 미미바이러스를 발견하면서 단백질 합성에 관한 유전자도 발견했다. 그리고 연이어 거대 바이러스들도 발견했다. 그중에는 앞서 말한 2017년에 발견된 클로스노이바이러스처럼 20종의 아미노산 전부

의 합성에 관한 유전자를 가진 것도 있다.(12)

과학 철학자인 칼 레이먼드 포퍼Karl Raimund Popper는 《과학적 발견의 논리》에서 '정의는 그 시대에 있는 데이터와 수단을 근거로 하며 과학이 진보함에 따라 다른 이론으로 대체될 수 있다'는 견해를 밝혔다.(13) 21세기에 들어온 뒤, 바이러스학은 눈부신 속도로 발전했지만, 생물의 정의(우즈의 3

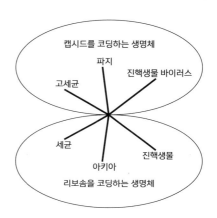

[그림 5] 새롭게 제안된 분류
(참고문헌 (14)를 토대로 작성함)

역설)은 아직 그 점을 반영하지 못하고 있다. 미미바이러스를 발견한 디디에 라울과 분자 생물학자 패트릭 포르테르Patrick Forterre는 거대 바이러스를 포함한 바이러스 세계를 찬찬히 살펴보았다. 2008년, 그들은 우즈가 제창한 3개의 역으로 이루어지는 생물계를 '리보솜을 코딩하는 생명체'라고 정의하고, 바이러스를 '캡시드를 코딩하는 생명체'라고 정의할 것을 제창했다[그림 5].(14) 이 제안은 의견이 대립하며 논의 중이다.

폴리오바이러스의 시험관 속 합성

생명에 관해 다양한 견해가 교차하던 중, 2002년에 폴리오바이러스를 화학 합성했다는 충격적인 보고가 발표되었다. 세포를 매개체로 하지 않고 단순히 물질에 지나지 않는 원자를 이어서 감염력을 지닌 살아 있는 바이러스를 시험관 속에서 만들었다는 것이다.

미국 스토니브룩대학교Stony Brook University의 에카드 위머Eckard Wimmer 교수는 먼저 폴리오바이러스 입자의 실험식을 구했다. 그러자 C332,652 H492,388 N98,245 O131,196 P7,501 S2,340으로 나타났다. 이것은 바이러스의 화학적 측면을 나타냈지만, 원소마다 몇 개씩 이어져 있는지는 알 수 있어도 그 순번을 파악할 수는 없어 화학 합성에는 도움이 되지 않았다.

그래서 그는 실험식이 아닌 유전자의 염기 서열을 출발점으로 해 폴리오바이러스를 시험관에서 합성하기로 했다. 폴리오바이러스의 유전자는 약 7,500개의 염기로 형성된 한 개의 RNA다. 이만한 길이의 RNA를 화학 합성하는 것은 불가능하다. 그는 RNA를 수많은 짧은 배열로 나누어 서로 모자란 부분을 보충하는 이중 가닥 DNA 바이러스로 발주했다. 그리고 합성된 것들을 연결해 약 7,500 염기쌍의 이중 가닥 DNA를 만들었다. 그 DNA에는 폴리오바이러스 게놈의 모든 유전 정보가 들어 있었다. 그는 이 합성 DNA를 세포에 도입해 유전 정보를 RNA에 전

사하는 효소를 이용해 RNA를 만들었다. 그것은 감염성이 있는 폴리오 바이러스 자체였다.(15)

그때까지 성체 게놈이 없으면 세포든 바이러스든 새끼를 만들 수 없다는 것이 상식이었다. 그들의 시도는 폴리오바이러스를 화학의 범주까지 환원했고 생물학의 기본적 원칙을 산산조각 낸 셈이다. 그리고 '생명이란 무엇인가'라는 문제가 다시 고개를 들었다.

위머는 '폴리오바이러스는 살아 있는가, 아니면 죽어 있는가'라는 질문을 받았을 때, 답은 둘 다 'Yes'이며, 바이러스는 살아 있지 않은 것과 살아 있는 것의 두 측면을 가진다고 답했다. '세포 밖에서는 탁구공과 마찬가지로 죽어 있고 결정화할 수 있는 화학 물질이며 화학 합성한 폴리오바이러스와 같은 입체 구조를 지닌다. 그러나 이 화학 물질은 세포 안에서 생존하기 위한 계획(plan)을 갖고 있다. 그리고 유전, 유전자 변이, 적자適子의 선택이라는 진화의 법칙에 따라서 증식한다'라며 생명체와 구별할 수 없다고 주장했다.(16)

인간 게놈 계획에서 중요한 역할을 한 크레이그 벤터Craig Venter는 2010년에 소형 세균인 마이코플라즈마Mycoplasma의 모든 게놈을 화학적으로 합성해 유사 세균인 마이코플라즈마 카프리콜룸Mycoplasma capricolum에 이식해 인공 생명을 만들었다. 이것은 위머가 화학 합성한 폴리오바이러스와 마찬가지로 현존하는 게놈을 복제한 것일 뿐이다. 하지만 인공 생명이 탄생했다는 사실은 사람들에게 충격을 주었다. 당시 미국 대통령이었던 버락 오바마Barack Obama는 즉각 생명 윤리 위원회를 열었고, 로마 교황청은 벤터에게 질문서를 보냈다. 2016년, 벤터는 473개라는 최소한의 유전자를 가지고 스스로 증식하는 인공 생명을 만들었다. 이 게놈은 복제가 아닌 새롭게 만들어진 것이다.(17)

이렇게 아리스토텔레스의 예언처럼 생물계와 무생물계의 경계는 점점 흐릿해지고 있다.

대화하는 바이러스

바이러스는 증식 능력이 있는 생물에 비하면 훨씬 단순한 존재로 인식되었지만, 연이어 상식을 뒤집는 연구가 발표되었다. 바이러스들끼리 정보를 교환하는 시스템이 있다는 놀라운 보고도 그에 해당한다.

세균에는 구성원을 감지Quorum sensing라는 시스템이 있다. 정족수란 의회 등에서 의결에 필요한 구성원을 가리키는 법률 용어다. 정족수 감지는 세균의 생식 밀도가 높아지는 것을 감지한 후 그것을 주변 세균에 알리는 펩티드를 방출하는 시스템으로, '집단 감지 시스템'이라고도 불린다. 이 펩티드는 특정한 단백질의 합성을 촉진하는 것으로 병원 세균의 경우에는 균수가 어느 정도까지 늘어나면 그 시스템에 의해 독소 생성이 일제히 증가한다.

이스라엘 와이즈만 연구소의 세균 유전학자 로템 소렉$^{Rotem\ Sorek}$ 연구팀은 '세균이 동료 세균의 바이러스(파지) 감염의 위험성을 알리는 물질을 생성하고 있다'라는 가설을 세워 연구했다. 이 가설은 증명되지 않았지만, 그들은 파지에 정족수 감지와 같은 정보 교신 시스템이 있다는 것을 발견했고 그 사실을 2017년 〈네이처^{Nature}〉지에 발표했다.

람다^{Lambda}라는 이름의 파지는 대장균에 감염된 후, 세균이 용해될 때까지 증식해서 새끼 파지를 방출하고, 세균의 게놈에 들어가 증식될 때까지 얌전히 숨어 지내기도 한다. 전자는 용균 사이클$^{Lytic\ cycle}$, 후자는 용원 사이클$^{Lysogenic\ cycle}$이라고 부른다. 람다파지의 감염이 용균 사이클과 용원 사이클 중 어느 쪽으로 진행할지는 우연에 따라 다르다고 추정된다. 다만 감염된 세균의 배양액이나 감염된 파지의 수의 영향을 받는다.

연구팀은 φ3T라는 파지를 고초균의 시험관에 넣었다. 그러자 고초균이 용해되었다. 이번에는 그 시험관의 배양액을 여과해 세균과 파지를 제거한 뒤, 그 여과액을 다른 세균과 파지의 배양 시험관에 넣어보았다. 그러자 이번에는 파지는 세균을 녹이지 않고 세균의 게놈에 스며들었다. 그들은 여과한 배양액에 파지의 행태를 바꾸는 미지의 분자가 들어 있다고 생각했고 이것을 '결정 분자'라고 명명했다.

2년 반의 탐색 끝에 이 분자는 파지에 감염해 죽은 고초균에서 스며

나온 겨우 6개의 아미노산이 이어진 펩티드라는 사실이 밝혀졌다. 또 파지의 게놈에서 이 펩티드에 대응하는 것으로 보이는 배열을 발견했다. 그래서 화학 합성한 '결정' 분자를 세균과 파지의 배양 시험관에 넣었더니 분자의 농도가 증가함에 따라서 세균의 용해는 감소했다. 결정 분자는 다음과 같이 작용한다. 파지에 의해 다수의 세균이 사망하면 결정 분자의 양이 증가한다. 남은 세균에 감염하는 파지는 앞서 감염된 파지에서 이미 다수의 세균이 사망했다는 메시지를 받아 용균을 일으키지 않고 잠복해 세균이 증가하기를 기다린다.

연구팀은 다른 파지에서도 동일한 통신 시스템을 발견했다. 소렉은 '파지가 발신하는 주파수는 각각 다르며 같은 언어로 말하는 파지가 보내는 정보만을 가려낸다'라고 말했다.

동물의 바이러스에도 이런 대화 시스템이 존재할 가능성이 있다. 혹시나 에이즈의 원인인 인간면역부전바이러스를 완전히 잠복 상태로 만드는 분자가 존재할지도 모른다.(18)(19)

바이러스학의 발전은 생명을 어떻게 정의할 것인가라는 문제에 대해 다양한 논의를 불러일으켰다. 이 논의가 합의에 도달할 시기는 아직 알 수 없지만, 적어도 '바이러스 입자는 무생물과 같은 존재이지만 세포 안에서는 살아 있다'는 견해는 받아들여졌다. 또한, 바이러스의 대화 시스템이라는 예기치 못한 바이러스의 모습이 드러났다. 그 외 현재는 반론이 존재해서 이 책에서는 다루지 않았지만, 획득 면역 시스템이 있다는 보고도 있다. 생명체로의 바이러스를 둘러싼 새로운 발견은 계속될 것이다.

제5장
몸은 버리고 정보로 생존한다

.
.

　'생물은 DNA의 유전 정보를 RNA로 옮긴 후 그 RNA를 단백질 합성 효소에 건네 단백질을 만들게 한다. 즉 유전 정보는 항상 DNA에서 RNA로 흘러가며 그 반대란 있을 수 없다.'

　'중심 원리Central dogma'라고 불리던 이 생각은 오랫동안 분자 생물학의 대원칙으로 통용되었다.

　바이러스는 이 세포 구조를 다양한 방법으로 가로채서 자기 자신을 복제한다. 예를 들어 파지는 세균의 게놈에 자기 유전 정보를 삽입해 유전 정보의 일부가 되어 잠복한다(프로파지). 이 사실은 파지가 유전 정보를 DNA에 기록했기 때문에 아무 반발 없이 받아들여졌다. 이 말은, DNA끼리 자르고 붙이는 효소만 있으면 자기 유전 정보를 숙주의 유전 정보에 섞는 것이 가능하다는 말과 같다. 반면 RNA 바이러스는 숙주의 DNA에 전혀 손을 대지 못하므로 숙주의 RNA인 척해서 하위 공정인 단백질 합성 효소만을 가로챘다고 생각되었다.

그런데 닭에 종양을 생기게 하는 RNA 바이러스에서 RNA의 정보를 DNA에 적는 '역전사 효소'가 발견되어 상황이 급변했다. 그 뒤 여러 동물에서 역전사 효소Reverse transcriptase를 가진 레트로바이러스Retrovirus를 발견했고, 게놈에 삽입되어 자손에게 이어지는 '내재성레트로바이러스Endogenous retrovirus'라는 존재도 드러났다. 인간 게놈의 해독 결과는 2003년에 마무리되었는데, 이 결과에 따르면 놀랍게도 인간 게놈의 약 9퍼센트가 내재성레트로바이러스로 이루어져 있다. 우리 신체를 구성하는 단백질을 코딩하는 유전자가 겨우 약 1.5퍼센트인 것에 비해 그 몇 배나 되는 배열이 내재성레트로바이러스였다.

역전사 효소의 발견

1909년, 록펠러 연구소 병리 실험실에서 암 연구를 하던 프랜시스 페이턴 라우스Francis Peyton Rous 가슴에 커다란 종양이 있는 암탉이 들어왔다. 그가 세균을 통과시키지 않는 베르케펠트 여과기로 종양의 유제를 여과해 건강한 닭에게 접종하자 육종이 생겼다. 1911년, 그는 〈종양 세포에서 분리한 인자에 의한 닭의 육종〉이라는 논문을 발표했다. 당시에는 바이러스가 암을 일으킨다는 생각을 전혀 하지 못했으므로 그는

다소 조심스럽게 '인자'라고 표현했다. 이것은 최초로 분리된 암 바이러스이며 훗날 라우스육종바이러스^{Rous sarcoma virus, RSV}라고 명명했다.

1964년, 하워드 마틴 테민은 라우스육종바이러스와 같은 배열의 DNA가 감염 세포에 존재한다는 것을 발견했다. 그는 이것을 프로파지와 같은 현상이라고 해석하고, '라우스육종바이러스는 그 유전 정보가 DNA로 변환되어 세포의 게놈에 삽입되는 과정을 거쳐 증식한다'는 프로바이러스 가설을 발표했다.(1) 그러나 바이러스의 RNA가 DNA에 일단 변환된다는 이 가설은 '유전 정보의 흐름은 DNA → RNA → 단백질의 한 방향이다'라는 중심 원리에 반하는 생각이어서 사람들에게 빨리 받아들여지지 않았다.

1969년, 역전사의 구체적인 메커니즘이 밝혀졌다. 테민의 연구실에 포스트 닥터로 참여한 미즈타니 데쓰로는 라우스육종바이러스의 RNA가 DNA로, 즉 프로바이러스로 변환될 때 새롭게 단백질을 합성해야 하는지 조사했고, 그러지 않아도 된다는 점을 명확히 했다. 그러면 '바이러스가 RNA를 DNA로 변환하기 위한 효소는 어디에 존재할까?' 하는 궁금증이 생긴다. 미즈타니는 가장 합리적인 설명으로 바이러스 입자 속에 RNA를 DNA로 변환하는 효소가 이미 존재한다고 생각했다. 1970년, RNA를 DNA로 변환하는 효소를 라우스육종바이러스 입자에서 추출·정제하는 것에 성공했다. 그는 이것을 'RNA 의존성 DNA 합성 효소'

라고 명명했다.(2) 이 명칭은 논문을 게재한 〈네이처〉 지의 편집자에 의해 역전사 효소로 개칭되었다. 또 라우스육종바이러스 등 역전사 효소를 가진 한 무리의 바이러스는 1974년에 '레트로바이러스'라고 명명했다.

이 발견은 콜럼버스의 달걀이나 마찬가지였다. 아이디어는 독창적이었지만, 누구나 금방 재현할 수 있을 만큼 단순했기 때문이다. 기술적인 어려움이 없었는데도 이 사실을 발견하는 데 몇 년이나 걸린 것은 당시 '중심 원리'가 지나치게 중시되었기 때문이다.

내재성레트로바이러스의 발견

1968년, 런던대학교의 로빈 와이즈는 어떤 닭의 세포는 라우스육종바이러스 감염에 의해 암이 되는 감염성 바이러스를 방출하지 않는다는 것을 발견했다. 조사해 보니 감염성 바이러스를 방출하는 닭 세포의 게놈에는 레트로바이러스의 피막(외피)의 유전자가 있었다. 라우스육종바이러스는 외피 유전자가 없어서 외피 유전자가 내재하는 세포에 감염되었을 때만 감염성 바이러스가 생긴 것이다. 게다가 이 내재 유전자는 멘델의 법칙에 따라 닭들끼리 유전되었다. 이것이 내재성레트로바이러스의 첫 발견이었다(3).

그 뒤 쥐 레트로바이러스에서도 바이러스 유전자가 쥐의 게놈에 내재된 사례가 발견되었다. 또 1980년대부터 인간에게도 내재성레트로바이러스Human endogenous retrovirus, HERV가 보였다. 앞에서도 소개했듯이 지금은 인간 게놈의 약 9퍼센트가 내재성레트로바이러스로 이루어져 있다는 점이 밝혀졌다.

내재화는 우연

인간내재성레트로바이러스의 대부분은 약 3천만~4천만 년 전에 영장류 사이에서 수평 감염을 일으킨 레트로바이러스라고 생각된다. 언젠가 이 바이러스가 생식 계열의 세포(정자 또는 난자)에 감염된 채 게놈에 삽입되어 숙주의 유전자 중 하나가 되었다. 그 결과, 부모에서 자식으로 수직으로 이어지게 되었다. 수정란에 레트로바이러스의 유전 정보가 들어 있었기 때문에 성장한 개체의 모든 세포에 레트로바이러스의 유전 정보가 퍼져서 자손에게도 이어지는 것이다. 인간내재성레트로바이러스는 오랫동안 유전자에 다양한 변이가 일어나 복제 능력을 상실해, 지금은 인간의 DNA에 잠들어 있다. 그러다가 어떤 계기가 있으면 활동한다. 최근 이것들이 단순한 바이러스 화석이 아닌 다양한 기능을 발휘한다는 사실이 드러나고 있다[그림 6]. (4)

또한 에이즈의 원인인 인간면역부전바이러스(HIV, 통칭 에이즈 바이러스)도 레트로바이러스의 동료이며, 증식할 때 바이러스의 게놈이 인간

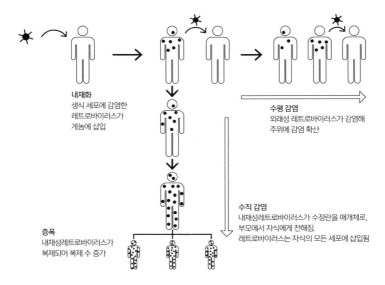

내재화
생식 세포에 감염한
레트로바이러스가
게놈에 삽입

수평 감염
외래성 레트로바이러스가 감염해
주위에 감염 확산

수직 감염
내재성레트로바이러스가 수정란을 매개체로,
부모에서 자식에게 전해짐.
레트로바이러스는 자식의 모든 세포에 삽입됨

증폭
내재성레트로바이러스가
복제되어 복제 수 증가

[그림 6] 수평 감염과 수직 감염

게놈 일부에 삽입된다. 현재 인간면역부전바이러스는 내재성 바이러스
로 분류하지 않는다.

인간면역부전바이러스는 레트로바이러스과科 렌티바이러스Lentivirus
속으로 분류된다. 2008년, 마다가스카르에 사는 여우원숭이의 게놈에서
내재성 렌티바이러스를 발견했다. 이것은 약 420만 년 전에 삽입되었다
고 추정된다.(5) 이 예는 렌티바이러스도 내재화될 수 있음을 뜻한다.

다만 여우원숭이와 비교하면 인간면역부전바이러스와 인간의 만남
은 최근에 일어난 일이다. 인간면역부전바이러스는 20세기 초에 침팬

지가 감염된 바이러스를 중앙아프리카인에게 퍼트렸다고 추정된다. 레트로바이러스가 내재성 바이러스가 되려면 여러 우연이 생겨야 한다. 먼저 체세포가 아닌 생식 세포에 감염해 침투해야 한다. 그리고 어떤 사람의 생식 세포 중 하나의 염색체에 삽입된 프로바이러스가 감염체 속에서 유전자 자리를 획득해 자손 대대로 내려가야 한다. 인간면역부전바이러스가 내재성 바이러스로 인간 전체에 퍼지는 사태는 극히 낮은 확률로 일어날 뿐 아니라 오랜 세월을 거쳐야 할 것이다.

바이러스의 도움을 받아 태어났다고?

인간의 게놈에는 약 25만 6천 개(삽입 부위)의 인간내재성레트로바이러스가 존재한다. 같은 선조인 바이러스에 생긴 것은 패밀리라고 불리며 지금까지 100 가까운 패밀리를 발견했다.(6) 이 중 인간에 대한 역할이 밝혀지고 있는 패밀리로는 HERV-W, HERV-H, HERV-K가 있다.

인간의 태반에는 '합포체 영양막 세포'라는 세포가 모인 구조가 있다. 합포체란 세포막끼리 융합해 형성되는 다수의 핵을 가진 세포를 말하며, 합포체는 태아의 혈관과 모체의 혈관 사이를 가로막는다. 이 막은 HERV-W의 외피 유전자가 코딩하는 신사이틴Syncytin이라는 단백질의 세포 융합 활성에 따라 형성된다. 태아가 부친에게 이어받은 유전 형질이 모체에게는 이물질이므로 태아는 모체의 림프구에서 배제되어야 하지만 이 특수한 막이 태아에게 필요한 영양만을 통과시키고 모체의 림프구가 침입하지 못하게 막는다. 즉 우리가 태어날 수 있었던 것은 바이러스의 유산 덕분이라는 뜻이다.(7)

HERV-H는 다능성을 유지하는 것과 관련이 있다고 추정된다. 수정란은 분열을 거듭해 신체의 모든 세포에 분화할 수 있는 '다능성'을 갖고 있다. 배아줄기세포Embryonic stem cell, ES는 발생 초기의 다능성을 가진 상태의 세포에서 분리된 것이며, 유도만능줄기세포Induced pluripotent stem cell, IPS는 체세포로 분화한 것을 미분화 단계로 리셋한 것으로, 둘 다 다능성을 갖고 있다. HERV-H가 비정상적으로 고도 발현되어 분화되면 이 두 세포는 발현이 저하된다.(8)(9)

한편 인간내재성레트로바이러스는 질병과도 관련될 가능성이 있다. 예를 들어 HERV-W는 다발성경화증이라는 신경 질환의 원인이 될 가능성이 제기된다.(10) 또 HERV-K는 고환 종양과 악성 흑색종 등의 암과 관련되었을 것이라 의심된다.(11)

여기서 소개한 것은 인간내재성레트로바이러스의 역할 중 빙산의 일각이다. 다양한 병에 관련되어 있을 가능성과 수천만 년간 진화에 관여한 방식을 해명하는 것이 중요한 연구 과제로 남아 있다.

임신을 유지하는 양의 내재성레트로바이러스

인간을 상대로 내재성 바이러스의 움직임을 멈추게 하고 그 역할을 조사하는 것은 불가능하다. 그래서 연구자들은 양을 상대로 실험을 진행했다.

세계 여러 나라 양의 몸에서 19세기 말경부터 야그지크테 양 레트로바이러스Jaagsiekte sheep retrovirus, JSRV가 발견했다. 또 1992년, 양의 게놈에서 이 바이러스 배열을 발견하면서 내재성 바이러스가 존재한다는 사실을 밝혀냈다. 게놈에는 약 5백만~7백만 년 전에 삽입되었다고 추정되며 그 뒤에도 종종 내재화가 일어났다. 가장 최근에 일어난 내재화는 2천 년 전으로 추정된다.

야그지크테 양 레트로바이러스에는 내재성과 외래성 두 유형이 존재한다. 외래성 야그지크테 양 레트로바이러스는 양에 감염을 확산해 폐암을 일으키고, 내재성 야그지크테 양 레트로바이러스는 암양의 생식 기관에 많이 나타난다. 내재성 야그지크테 양 레트로바이러스가 생식 기관에 먼저 자리를 잡았기 때문에, 외래성 야그지크테 양 레트로바이러스는 호흡기에 감염을 일으키게 되었다고도 추정된다.

실은 내재성 야그지크테 양 레트로바이러스는 임신을 유지하는 데 중요한 역할을 한다. 양이 임신해서 수정란이 자궁 점막에 착상해 태반이 형성될 때, 자궁 내막에서 야그지크테 양 레트로바이러스의 RNA양이 10배 이상 증가하고 바이러스의 외피 단백질도 볼 수 있다.(12) 임신 초기에 외피 단백질의 발현을 저지하는 약제를 자궁 안에 주입하자, 양은 유산했다. 인간(인간내재성레트로바이러스)과 마찬가지로 내재성 야그지크테 양 레트로바이러스가 임신을 유지하는 데 관여한다는 것이 실험을 통해 알 수 있었다.(13)

내재화되는 코알라 에이즈바이러스

지금 오스트레일리아의 코알라 사이에서 레트로바이러스의 내재화가 진행되어 주목을 받고 있다. 코알라의 레트로바이러스 내재화는 수천만 년 전에 인간에게 일어난 레트로바이러스의 내재화 프로세스를 실시간으로 추적할 수 있는, 대단히 귀중한 사례다.

오스트레일리아에서 사는 코알라는 백혈병에 걸려 면역력 저하로 사망하는 일이 잦다. 1988년, 먼저 전자 현미경으로 백혈병에 걸린 코알라 혈액에서 레트로바이러스와 같은 입자를 발견해 1997년에 레트로바이러스 분리에 성공했다. 이 바이러스는 코알라 레트로바이러스 또는 코알라 에이즈바이러스◆로 불리며, 백혈병의 원인으로 추정된다.

2006년, 오스트레일리아 퀸즐랜드대학교University of Queensland 수의학부

◆ 에이즈AIDS를 따서 키즈KIDS바이러스라고도 부른다.

의 레이철 털링턴 연구팀은 코알라 레트로바이러스의 유전자가 코알라의 정자에 삽입되었다는 사실을 발견하고, 내재성레트로바이러스라고 확인했다. 백혈병을 퍼뜨리는 외래성 레트로바이러스뿐 아니라 내재성 코알라 레트로바이러스도 존재하는 것이다.

오스트레일리아 북동부에 있는 퀸즐랜드주Queensland州에서 내재성 코알라 레트로바이러스를 발견했다. 하지만 남쪽으로 내려와 멜버른Melbourne 근처 레이먼드Raymond 섬에서 사는 바이러스 게놈을 가진 코알라는 약 30퍼센트뿐이었다. 레이먼드섬 서쪽 캥거루 아일랜드에서 사는 코알라를 조사했더니, 바이러스의 게놈이 발견되지 않았다.(14) 캥거루 아일랜드의 코알라는 1900년대 초에 모피 난획으로 멸종 위기에 놓인 것들을 격리한 그룹뿐이었으므로 레트로바이러스 감염이 일어나지 않았다. 코알라가 레트로바이러스에 감염된 것은 과거 2세기 동안이며, 그로 인해 레트로바이러스의 내재화가 시작되었다고 추정된다.

독일 베를린Berlin 야생 동물 연구소 연구팀은 오스트레일리아, 미국, 캐나다, 스웨덴의 박물관에 보존된 코알라의 피부를 모아 코알라 레트로바이러스의 DNA를 검출했다. 그러자 19세기 말에는 오스트레일리아 북부의 코알라에게 코알라 레트로바이러스 감염이 퍼졌다는 사실을 밝혀낼 수 있었다.(15)

돼지 장기를 인간에게 – '이종 이식'의 최대 걸림돌에 도전하다

매년 장기 이식이 필요한 환자가 증가하고 있지만, 그에 비해 기증자는 턱없이 부족하다. 이 문제를 근본적으로 해결하기 위해 생리 기능과 장기 구조, 크기 등 여러 면에서 인간과 유사한 돼지의 장기를 이용하는 '이종 이식異種移植'에 관한 연구가 진행 중이다.

1990년대 미국 국립 보건원 산하의 심장·폐·혈관 연구소National Heart, Lung, and Blood Institute, NHLBI의 과학자들은 거부 반응을 회피할 수 있는 유전자를 도입한 유전자 변형 돼지(GM 돼지)의 심장을 개코원숭이에게 이식하는 데 성공했다. 이식된 심장은 1년 이상 살아 있으면서 제 기능을 수행했다. 그 뒤 스위스 거대 제약 기업 노바티스사는 이식용 돼지를 개발하는 데 10억 달러를 투자해 본격적으로 이종 이식 연구에 착수했다. 임상 시험에서 가장 큰 걸림돌은 돼지가 보유한 미생물, 특히 오랫동안 감염된 바이러스에 생길 수 있는 잠재된 위험성이었다. 인간의 몸에 돼지 장기가 평생 생존하는 일은 처음이다. 원래 인간에게 질병을 일으키지 않는 돼지 바이러스라 해도 인간의 몸에 들어가면 어떤 위험이 생길지 알 수 없다. 어쩌면 제2의 에이즈바이러스가 생길지도 모른다.

1996년부터 3년간, 나는 노바티스사가 설립한 이종 이식 안전 고문 위원회에서 바이러스 전문가 10여 명과 함께 임상 시험에 대한 안전 대책을 검토했다. 돼지에서 유래한 미생물을 기술적으로 배제하는 것은 가능했다. 하지만 돼지내재성레트로바이러스Porcine endogenous retrovirus, PERV에 관해서는 구체적 대책을 세울 수 없었다. 돼지내재성레트로바이러스에는 A, B, C의 세 그룹이 있으며 A, B 그룹의 바이러스는 인간의 세포도 감염시키는 것이 확실했다.(16)(17) 우리가 추정하기로 돼지내재성레트로바이러스는 8백만 년 이상 전에 돼지의 게놈에 삽입되어 100개나 되는 부위에 존재했다. 이만큼 많은 돼지내재성레트로바이러스를 어떻게 제거해야 할지 방법이 생각나지 않았다. 결국 2000년대 초, 노바티스사는 그 프로젝트를 접었고 그 이후에는 유전자 변형 동물을 연구하는 벤처 기업이 개발을 계속했다.

그러다가 이 이종 이식 기술이 다시 주목받고 있다. 2012년에 발표된 '게놈 편집'이라는 혁신적인 기술이 발표된 것이 계기가 되었다. 이 기술로 게놈의 특정 부위를 여러 유전자로 동시에 파괴할 수 있게 되었다. 2015년, 게놈 편집 기술의 선구자인 하버드대학교 조지 처치George Church 연구팀은 먼저 PK 15 세포라는 돼지의 신장 세포 62개소에 존재한 돼지내재성레트로바이러스를 게놈 편집 기술로 모두 파괴할 수 있다는 점을 확인했다.(18) 이 세포는 오랫동안 시험관 안에서 세대를 이어 오며 암세포화 되어, 실용화하기에는 적합하지 않았다. 그래서 연구팀은 돼지 조직중 직접 배양한 정상적인 세포에서 게놈 편집 기술로 돼지내재성레트로바이러스를 제거했다. 그리고 그 세포를 미리 핵을 제거한 돼지 난자에 이식해 수정란을 만들어 배양하는 방법으로 배아를 생성했다. 다음으로 대리모 구실을 하는 일반 돼지의 자궁에 이 배아를 이식해 새끼 돼지가 태어났다. 체세포 핵 이식이라고 불리는 이 기술은 복제 양 돌리를 만들 때 개발한 것이다. 이렇게 해서 17마리의 대리모 돼지에게 37마리의 돼지내재성레트로바이러스가 없는 돼지(PERV-free pig, 면역 거부 반응 인자가 없는 돼지)가 태어나 15마리가 자라고 있다. 2017년 8월에 태어난 새끼 돼지는 건강하게 자라고 있다고 한다.(19)

기술적인 면에서 최대의 걸림돌이 해결되었으므로 향후 이종 이식 개발은 가속화될 것이다.

RNA 바이러스도 게놈에 잠복할 수 있다

보르나병바이러스Borna Disease Virus, BDV라는 RNA 바이러스가 있다. 2010년, 오사카대학 미생물병 연구소의 도모나가 게이조朝長 啓造 연구팀(현재는 교토대학 바이러스 재생 의과학 연구소)은 이 보르나병바이러스의 유전자와 흡사한 배열의 DNA가 인간을 비롯해 원숭이, 설치류, 코끼리 등의 게놈에 삽입되어 자손에게 이어진다고 발표했다. 보르나병바이러스는 레트로바이러스가 아니므로 역전사 효소가 없다. 보르나병바이러스의 유전 정보가 DNA에 삽입된 것은 세포의 레트로트랜스포존Retro-transposon이라는 유전 인자가 가진 역전사 효소가 작용해서일 것이라고 추정된다. 레트로트랜스포존은 바이러스의 원시적 형태와 기능을 갖춘 인자로 레트로바이러스의 선조로 생각된다.

보르나병바이러스는 적어도 4천만 년 이상 전에 유인원의 공통 선조를 감염시켜 게놈에 삽입되었다고 추정된다.(20)(21) 보르나병바이러스와 유사한 배열을 가진 세포는 보르나병바이러스의 증식을 억제할 수 있는 것으로 보아, 야그지크테 양 레트로바이러스가 그랬듯이 내재성 보르나병바이러스가 보르나병바이러스 감염을 억제했을 수 있다.(22)

또 레트로바이러스가 아닌데도 불구하고 에볼라바이러스도 내재화할 수 있다는 사실이 알려졌다.

마르부르크병바이러스Marburg virus와 에볼라바이러스는 필로바이러스Filoviridae family에 속하며, 치사율이 높은 마르부르크병과 에볼라 출혈열을 일으킨다. 두 바이러스는 1만 년쯤 전에 공통 선조 바이러스에서 갈라졌다고 추정된다.

2010년, 필로바이러스의 유전자와 유사한 배열이 안경원숭이, 박쥐, 주머니쥐, 작은 캥거루 등의 게놈에 삽입되었다고 발표했다.(23) 두 바이러스 모두 박쥐가 자연 숙주이자 박쥐와 공존하지만, 인간에게 치명적인 감염을 일으킨다. 박쥐는 내재성 바이러스가 있어, 발병을 막기 때문일 수 있다.

우리는 건강을 해치는 수많은 바이러스에 노출되면서도 체내에 인간내재성레트로바이러스가 염색체에 삽입되어 잠복하고 있다. 인간내재성레트로바이러스의 선조로 추정되는 레트로트랜스포존은 인간 게놈의 34퍼센트를 점유하며, 인간내재성레트로바이러스의 9퍼센트와 합치면 레트로바이러스에 관련된 배열이 우리의 게놈 절반 가까이 된다. 바이러스는 외부의 적이자 우리 자신을 구성하는 중요한 요소이다. 그리고 내재성 바이러스의 실태는 아직 많이 알려지지 않았다.

역전사 효소의 논문 발표

테민은 1970년 5월, 텍사스주Texas州 휴스턴Houston에서 열린 국제 암회의에서 중심 원리를 뒤집는 미즈타니의 연구 성과를 발표했다. 논문을 투고하면 논문 심사를 거쳐야 한다. 그런데 논문 심사를 무사히 통과할지 알 수 없을뿐더러 쉬운 실험이라 며칠만 시간을 들이면 할 수 있어 심사하는 사이에 아이디어를 도난당할 수도 있다. 그래서 먼저 학회에서 발표해 우선순위를 확보해야겠다고 생각한 것이다.

발표를 마치자 강당에는 침묵이 흘렀다. 너무나 충격적이었기 때문이다. 사실 〈네이처〉지는 테민이 한 발표에 대해 비판적인 기사를 게재했다. 그런데 메사추세츠공과대학교Massachusetts Institute of Technology, MIT

의 데이비드 볼티모어^{David Baltimore}가 쥐 백혈병바이러스에서 테민처럼 RNA에서 DNA가 만들어지는 것을 발견하자, 테민을 향한 평가가 역전되었다.

볼티모어는 테민의 학회 보고 내용을 알자마자 〈네이처〉 지에 논문을 투고했다. 그는 캘리포니아공과대학교의 레나토 둘베코의 연구실에서 일했던 시절, 테민의 선배이기도 했다. 그는 테민에게 전화를 걸어 논문 투고 소식을 전했다. 그러자 테민도 서둘러 논문을 정리해 〈네이처〉 지에 보냈다. 테민의 동료는 네이처 편집부에 전화를 걸어 두 사람의 논문이 동시 게재되도록 도왔다.

두 편의 논문인 〈RNA 종양 바이러스 입자 속의 RNA 의존 DNA 합성 효소〉와 〈라우스육종바이러스 입자 속의 RNA 의존 DNA 합성 효소〉는 1970년 6월 27일 자에 실렸다. 원래 테민이 논문을 투고했을 때는 저자를 '미즈타니, 테민' 순으로 기재했다. 그런데 〈네이처〉 지 편집부가 프로바이러스설의 증명에 중요한 논문이라는 이유로 '테민, 미즈타니'라고 순서를 바꿨다. 주체적 역할을 했던 연구자의 이름을 먼저 쓰는 것이 일반적이었으므로, 테민은 자기가 이름 순서를 바꾼 것으로 미즈타니가 오해하지는 않을지 무척 걱정했다고 한다.

두 편의 논문 내용은 표제만 보아도 알 수 있을 정도로 무척 비슷했다. 다른 점이 있다면, 둘이 실험에 쓴 바이러스와 계면 활성제 사용 유무였다. 볼티모어는 동결한 바이러스를 썼기 때문에 융해했을 때 이미 바이러스 입자가 망가져 있었지만, 테민은 신선한 바이러스를 써서 계면 활성제로 바이러스를 용해했다는 차이가 있을 뿐이다.(2)(24)

제6장
때로는 파괴자가 수호자로

．
．

바이러스는 무려 30억 년이라는 세월을 생물과 함께했다. 그 과정에서 숙주에 특수한 생존력을 제공하고, 때로는 숙주의 숨은 공범자로 다른 생물을 공격하는 일에 가담하는 등 다양한 역할을 했다. 이제 서서히 밝혀지고 있는 자연계에서의 바이러스 생태를 소개하겠다.

광합성 하는 동물을 창조하다

캐나다에서 미국 플로리다^{Florida}에 이르는 대서양에는 몸길이가 약 2~3센티미터정도이고 나뭇잎 모양을 한 에메랄드 푸른민달팽이^{Elysia Chlorotica}라는 바다소에 속하는 동물이 서식한다. 에메랄드 푸른민달팽이는 연체동물이지만, 식물처럼 태양광을 이용해 광합성을 하며 산다. 또 실험실의 인공 해수에서는 먹이가 없어도 물과 탄산가스만으로 9개월 동안이나 생존했다고 한다.

에메랄드 푸른민달팽이는 자웅 동체로 매년 봄에 산란하는데, 산란을 마치자마자 모든 성체가 사망한다. 일주일 뒤 알이 부화하면 유생幼生은 2~3주를 플랑크톤 주위에서 지내며 황록조의 일종인 바우체리아Vaucheria, 무격벽 다핵관상 조류藻類의 1속屬를 찾아서 달라붙는다. 유생은 바우체리아 가지에 달라붙어 변태한다. 그리고 바우체리아를 먹으며 성장하다 겨울이 되면 활동을 멈춘다. 봄이 오고 따뜻해지면 다시 활동하며 산란한 뒤, 모두 죽는다. 5월에 알이 부화하기까지 성체는 모두 없어진다. 그 라이프 사이클은 약 10개월로 매우 일정하다.

에메랄드 푸른민달팽이의 먹이는 바우체리아 뿐이며, 이것을 먹으면 몸이 녹색으로 변한다. 바우체리아의 엽록체葉綠體는 소화되지 않고 소화관을 따라 상피 중의 특수한 세포로 들어가기 때문이다. 엽록체는 식물 이파리 세포에 존재하는 기관으로, 태양광에 의해 화학 반응을 일으켜 식물의 생존을 돕는다. 이 엽록체가 광합성을 이루어 바다소에게 살기 위한 에너지를 공급◆한다. 태양광 시스템Solar system, 태양의 열이나 빛을 주된 에너지원으로 이용하는 시스템- 옮긴이 주으로 살아가는 동물인 셈이다.

여기서 궁금한 것이 있다. 엽록체 대사에 필요한 단백질의 90퍼센트

◆ | 바다소가 식물의 엽록체를 보유하는 현상은 1965년, 일본 오카야마대학岡山大学의 가와구치 시로川口四郎 교수가 오카야마의 해안에서 채취한 바다소에서 최초로 발견했다. 그는 엽록체를 빼앗는 듯이 보인다고 해서 클랩토플라스티Kleptoplasty라는 이름을 붙였다. 클랩토는 그리스어로 '훔치다', 플라스티는 '엽록체'라는 뜻이다.

는 바우체리아 핵의 유전자에서 생성된다. 즉 엽록체를 흡수하는 것만으로는 광합성을 할 수 없다. 그래서 푸른민달팽이의 체내에 주입된 엽록체가 어떻게 해서 에너지를 생성하는지가 문제로 떠올랐다.

미국 사우스 플로리다대학교University Of South Florida 시드니 피어스 교수가 이끄는 연구팀은 바우체리아의 여러 단백질을 코딩하는 DNA 중 몇 가지가 에메랄드 푸른민달팽이의 성체뿐 아니라 유생의 게놈에 존재한다는 것을 발견했다. 또한, RNA에 전사된 것에서 실제로 이종(바우체리아) 단백질을 생성한다고 추측했다. 이 DNA의 배열은 바우체리아와 거의 비슷했다. 이런 사실에서 피어스 연구팀은 그리 멀지 않은 옛날, 바우체리아의 DNA가 바다소의 염색체에 주입되어 부모에서 자식으로 이어지게 되었다고 제창했다. 일찍이 수평 이동한 식물의 유전자가 동물의 체내에서 태양광 시스템을 이용한다는 아이디어다.(1)(2)

그런데 미국 럿거스대학교Rutgers University의 메리 란포 연구팀이 바다소의 알의 게놈을 조사하자, 바우체리아의 DNA는 검출되지 않았다. 알에 없으면 DNA는 후대로 이어지지 않는다. 유전자의 수평 이동은 일어나지 않는다는 결과가 나온 셈이다.(3)

바다소의 태양광 시스템을 이용하는 DNA가 유전적으로 계승된 것인지 아니면 바다소의 체내에서 바우체리아에게 받은 것인지에 관한 논쟁이 이어지고 있다. 그리고 지금 이 수수께끼를 풀 만한 것으로는, 바다소에 기생하는 내재성레트로바이러스의 역할이 주목받고 있다.

이 바이러스는 1999년, 피어스 연구팀이 죽어가는 바다소를 전자 현미경으로 관찰했을 때 소화관의 세포와 혈액 세포에서 바이러스 입자로 발견되었다. 2016년에는 이것이 새로운 내재성레트로바이러스임이 밝혀졌다.(4)(5) 이 레트로바이러스의 역전사 효소에 의해 먹이인 바우체리아의 RNA가 DNA로 전사되어 바다소의 세포핵에 삽입된 후 태양광 시스템을 이용하는 것인지도 모른다.

바다소의 태양광 시스템을 둘러싼 수수께끼보다 더욱 재미있는 사실이 있다. 이 내재성레트로바이러스가 바다소의 생애 중 많은 시간을 잠들어 있다가 바다소의 죽음이 가까워지면 증식한다. 그때까지 얌전하게 지냈던 바이러스가 갑자기 잔인한 성격을 드러내며 바다소를 죽이는 것일까? 어쩌면 단순히 수명이 다해가는 바다소의 면역 능력이 저하되어 바이러스가 증식한 것인지도 모른다. 지금은 어떤 것이 정확한지 알 수 없다.

의사이자 진화 생물학자인 프랭크 라이언Frank Ryan은 체내에 잠자던 바이러스가 갑자기 증식하면서 숙주를 죽이는 존재 방식을 '공격적 공생'이라고 명명하고 그의 저서 《파괴하는 창조자Virolution》에서 소개했다. 문화 인류학자인 우에하시 나오코上橋 菜穂子는 이 책을 읽고 '체내에 들어간 바이러스에 의해 서서히 변화하는 남자를 연상해' 장대한 판타

지 《사슴의 왕》(2014년, 2015년 서점 대상木屋大賞 수상작)을 집필했다고 했다. 바이러스의 공생 스토리는 문학적 상상력을 자극하는 무언가를 내포하고 있는 듯하다.

숨은 공범자

찰스 로버트 다윈은 1860년, 친구인 미국의 식물학자 아사 그레이Asa Gray에게 '자연의 가장 잔혹한 예로 맵시벌의 생태'를 예로 들어 편지를 보냈다. 그는 '나는 자비로운 만물의 신이 살아 있는 애벌레의 몸속을 먹이로 삼는 맵시벌을 창조하셨다는 것을 도저히 납득할 수 없다'라고 썼다.(6)

기생벌의 일종인 맵시벌은 나비나 나방의 유충(애벌레)에 알을 낳는다. 부화한 벌의 유충은 애벌레의 몸속에서 먼저 지방체를 먹은 후 애벌레의 생존에 지장이 없는 기관을 먹이로 삼는다. 그리고 어느 정도 성장하면 중요한 기관을 먹어 치운 뒤 애벌레의 피부를 찢고, 세상으로 기어나온다. 맵시벌의 이 라이프 사이클은 영화 〈에이리언Alien〉에서 우주 생물인 에이리언이 인간의 몸속에 알을 낳고, 에이리언이 인간의 가슴을 뚫고 튀어나오는 이야기의 힌트가 되었다.

벌은 알려진 종만으로도 20만 종이 넘고, 곤충 중에서 가장 종류가 많다. 벌의 화석을 보면 가장 오래된 기생벌은 1억 4천만 년 전에 존재했다는 사실을 알 수 있다. 맵시벌은 벌 중에서 가장 종류가 많은 2만 4천 종 이상으로 기록되었지만, 실제로는 6만~10만 종이 서식한다고 추정한다. 마찬가지로 기생벌인 고치벌은 기록으로는 1만 7천 종이지만, 실제로는 3만~5만 종이 서식한다고 추정한다.

이 공생 관계에는 바이러스가 한몫한다. 먼저 1960년대 후반부터 1970년대에 기생벌의 비대한 수란관에서 바이러스 입자를 발견했다. 1981년에는 암벌의 난소에 바이러스의 DNA가 흩어져 있는 것이 확인할 수 있었다. 이것은 1984년에 폴리드나바이러스Polydnavirus라고 명명했다. 이 이름은 바이러스의 DNA가 반지 모양(환형)이고 수많은 분절로 이루어져 있다는 것에 유래한다.

신기하게도 폴리드나바이러스 입자의 DNA에는 입자 형성에 필요한 RNA 합성 요소, 캡시드 단백질, 외피 단백질과 같은 유전자가 없다. 그래서 어떻게 해서 바이러스가 증식하는지 도무지 알 수가 없었다. 오히려 폴리드나바이러스는 진짜 바이러스가 맞을까 하는 의문이 제기될 정도였다.

이 의문은 2009년, 프랑스 뚜르 프랑스와 하블레대학교Université François-Rabelais de Tours의 장 미셸 자르Jean-Michel Jarre 연구팀이 고치벌 번데기의 난소에 폴리드나바이러스 입자 형성에 필요한 유전자가 있다는 것을 발견함으로써 풀렸다. 입자 형성을 위한 유전자는 벌의 게놈 속에 들어 있었다.

　폴리드나바이러스의 라이프 사이클은 무척 독특하다[그림 7]. 바이러스는 프로바이러스로써 벌의 알에 삽입되어 자손에서 전해진다. 그리고 바이러스 입자가 난소와 수란관 사이의 성배라고 불리는 상피 세포의 핵 안에서 복제된 후, 수란관 속으로 방출된다. 그 외 체세포에도 프로바이러스가 삽입되어 있지만, 바이러스 복제를 하지 않는다. 암벌이 애벌레에게 알을 낳을 때 바이러스 입자도 주입된다.

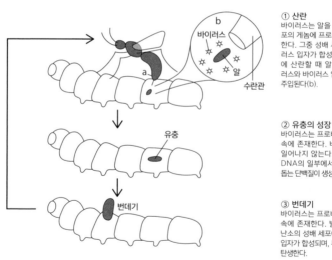

① 산란
바이러스는 알을 낳는, 벌의 체세포의 게놈에 프로바이러스로 존재한다. 그중 성배 세포에서만 바이러스 입자가 합성된다(a). 애벌레에 산란할 때 알 속의 프로바이러스와 바이러스 입자가 알과 함께 주입된다(b).

② 유충의 성장
바이러스는 프로바이러스로 게놈 속에 존재한다. 바이러스 복제는 일어나지 않는다. 다만 바이러스 DNA의 일부에서 유충의 발육을 돕는 단백질이 생성된다.

③ 번데기
바이러스는 프로바이러스로 게놈 속에 존재한다. 발육이 진행되면 난소의 성배 세포에서만 바이러스 입자가 합성되며, 부화한 후 성충이 탄생한다.

[그림 7] 폴리드나바이러스의 라이프 사이클

알과 함께 주입된 폴리드나바이러스는 벌의 발육을 지원한다. 원래는 이물질인 벌의 알이 애벌레의 체내에 들어가면 애벌레의 자기 방위 기능에 의해 혈액 속의 혈구(인간의 백혈구에 해당)가 벌의 알을 둘러싸서 죽여야 한다. 그러나 폴리드나바이러스의 DNA에는 면역 억제 유전자가 들어 있다. 감염 뒤에 이 유전자에서 생성되는 단백질이 애벌레의 면역 세포를 마비시켜 벌의 알을 죽이지 못하게 한다. 또 애벌레에 벌의 유충의 먹이가 되는 당을 생성시키고 애벌레의 내분비계를 교란해, 애벌레가 나비나 나방으로 변태하지 못하게 한다. 이렇게 해서 벌의 유충이 자라기 쉬운 환경을 만든다.(7)(8)

고치벌에 폴리드나바이러스가 공생하게 된 시기는 약 7,400만 년 전으로 추정한다. 오랜 세월 동안 자연 선택이 반복되어 이 복잡한 공생관계가 형성되었을 것이다.(9)

벌에게 폴리드나바이러스는 유충의 생존을 도와주는 든든한 공범자다. 벌이 생존하면 바이러스도 존속할 수 있으니 벌과 바이러스 모두에게 이익이다. 반면 애벌레에게 폴리드나바이러스는 두려운 병원체다. 만약 다윈이 살아 있다면 벌 - 폴리드나바이러스 - 애벌레의 이 불가사의한 관계를 뭐라고 할까?

해충을 지키다

바이러스가 숙주의 수호자가 되는 예는 또 있다.

큰담배나방은 대두, 목화, 옥수수 등의 작물을 갉아 먹는 해충이자 외래성 생물Adventitious life로, 아시아, 아프리카, 유럽, 오스트레일리아 등에 퍼져 있다. 이 해충으로부터 작물을 지키기 위해 전 세계에서 비티균Bacillus thuringiensis, Bt이라는 세균의 결정성 독소 유전자를 도입한 작물을 재배한다. 예를 들어 중국에서는 1990년대에 Bt 코튼(면)을 도입해서 큰담배나방에 의한 피해가 많이 감소했다. 그런데 최근 Bt 저항성이 있는 나방이 늘어나기 시작했다.

중국 농업 과학원의 연구 그룹은 큰담배나방에서 덴소바이러스Densovirus의 일종을 분리해 HaDNV-1이라고 명명했다. 2008~2012년의 조사에 따르면, 큰담배나방의 70퍼센트가 이 바이러스에 감염되어 있었다. 덴소바이러스는 주로 나방의 지방체에 모여 있으며, 부모에서 자식으로 수직 감염을 일으킨다. 이 바이러스에 감염된 개체는 성장이 빠르고 산란 수도 많다. 그리고 실험실에서 Bt 독소를 함유한 먹이를 주자 이 바이러스를 가진 나방의 유충은 바이러스에 감염되지 않은 유충에 비해 Bt 독소에 강한 저항성을 보였다. 이런 사실에서 덴소바이러스의 공생은 숙주인 나방을 생물 농약에서 지켜주고 있다고 생각할 수 있다.(10)

작열하는 불모지에서 살아갈 힘을 주다

미국의 옐로스톤 국립 공원의 지열 지대에는 연중 20~50도 사이의 엄청나게 높은 토양 온도 때문에 식물이 살기 어렵다. 그런데 볏과屬 수수속屬의 잡초 패닉그래스Panicgrass는 예외다. 패닉그래스의 뿌리에는 쿠르불라리아Curvularia 프로토베라타라는 곰팡이가 기생한다. 씨앗을 소독해 곰팡이를 제거하면 50도 이상으로 올라갈 때 패닉그래스는 시들어 버린다. 하지만 곰팡이가 기생하는 뿌리는 65도까지 가열해도 성장한다. 이 사실에서 이 곰팡이는 내열성이 있다고 추정할 수 있다.(11)

2007년, 이 곰팡이와 공생하는 쿠르불라리아 내열성바이러스Curvularia thermal tolerance virus, CThTV가 발견되었다. 대부분의 곰팡이 바이러스는 이중 가닥 RNA 바이러스이고 곰팡이 자체에 고분자의 이중 가닥 RNA 바이러스는 존재하지 않는다는 점에 초점을 맞추어 쿠르불라리아 프로토베라타라의 세포에서 이중 가닥 RNA를 조사하자, 이 바이러스를 발견하게 되었다.

연구진은 종자에 건조와 동결, 융해를 반복해 바이러스 입자를 파괴하고, 곰팡이를 남아 있는 바이러스 프리로 만들어 키웠다. 그러자 그 패닉그래스는 내열성을 잃었다. 그들이 바이러스 프리의 종에 다시 바이러스를 접종하니 그제서야 패닉그래스는 내열성을 되찾았다.

즉 패닉그래스에 내열성을 제공한 것은 곰팡이가 아닌 곰팡이에 기

생하는 바이러스였다. 식물·곰팡이·바이러스라는 삼자의 공생이 불모지에서 살게 한 것이다.(12)

경제 버블의 흑막

역사가와 철학자는 17세기를 '이성의 시대'라고 부른다. 역설적이게도 이 시대 네덜란드Netherlands에서는 희소한 튤립에 열광한 사람들로 인해 역사상 최초의 경제 버블이 일어났다.

1590년대에 네덜란드에 들여온 튤립은 터키Turkey가 원산지이다. 네덜란드 라이덴대학교Universiteit Leiden 식물학 교수 카롤뤼스 클루시우스Carolus Clusius는 튤립을 과학적으로 분류해 약초의 가치에 관해 연구했다. 그가 수집하는 것 중에는 빨강, 노랑, 자주, 흰색 줄무늬가 있는 꽃이 있었다. 그런 튤립은 무척 희귀했기 때문에, 사람들이 사고 싶다고 해도 그는 꽃을 팔지 않았다. 그러자 종종 꽃을 훔치는 사람들이 생겼다. 그런 일이 반복되니 도난에 진저리가 난 클루시우스는 갖고 있던 구근을 친구에게 주었고, 결과적으로 그가 모으던 꽃들은 네덜란드 전역에 퍼지게 되었다.

어떤 구근에서 줄무늬 튤립이 피는지 전혀 알 수 없으니 줄무늬 튤립은 더욱 희소한 존재가 될 수밖에 없었다. 줄무늬 튤립이 핀다는 보장이 없어 무조건 구근을 살 수밖에 없었다. 시장 가격도 예측할 수 없어 구근에 투자하는 것은 도박이나 마찬가지였다. 1634~37년에 튤립 광풍이 절정에 달했고 줄무늬 튤립이 필 것이라고 예상되는 튤립의 구근은 한 뿌리에 3천 길드◆로 치솟았다. 금화 3천 개에는 약 32킬로그램의 금이 들어 있으니 현재 가격으로 환산하면 약 11억 5천만 원 정도다.(2020년 6월 기준), (13)

1928년, 줄무늬 튤립은 원예 영역에서 바이러스학의 영역으로 넘어갔다. 영국의 곰팡이 연구자이자 유전학회 창립자 중 한 명이었던 도로시 케이리가 '이 변화는 유전이 아닌 담배모자이크병처럼 바이러스에 의한 것'임을 밝혀냈기 때문이다. 자연계에서는 진딧물이 이 바이러스를 매개체로 활동했다.(14) 또, 줄무늬는 튤립 꽃잎에 안토시아닌Anthocyanin 이라는 색소의 축적을 막기 위한 바이러스 때문에 생겼다.(15) 그 병원체는 튤립모자이크바이러스라고 불린다.

튤립은 바이러스로 어떤 수혜를 입은 것은 아니었으니 진정한 공생 관계라고 할 수는 없다. 그러나 그 증상인 아름다운 꽃잎에 매료된 사람들이 튤립을 미친 듯이 사 모으고 온갖 곳에 바이러스에 감염된 식물을 퍼뜨렸다는 의미에서는 공생의 한 예라고 할 수 있지 않을까. 그렇다면 이 공생 관계에는 인간이 개입했다고도 볼 수 있다.

◆ | 당시 금화에는 금이 10.61그램, 은이 0.9그램 함유되었다. '길드'는 '골드'에서 유래한다.

튤립 광풍이 분 것은 화가 하르먼스 판 레인 렘브란트Harmensz van Rijn Rembrandt가 활동했던 시대였다는 이유로 줄무늬 튤립은 '렘브란트 줄무늬 튤립'이라고 불린다. 하지만 정작 렘브란트 작품에는 튤립이 등장하지 않는다. 또 현재 '렘브란트 줄무늬 튤립'이라고 불리는 튤립의 줄무늬는 바이러스가 아닌 돌연변이 작용으로 생긴 것이다.

숙주의 근접 종에 다가간 바이러스

박쥐와 공존하는 에볼라바이러스가 인간에게 치명적인 감염을 일으키듯 바이러스는 본래의 숙주가 아닌 동물 종과 만나면 병을 일으키는 예가 많다. 리스파라폭스바이러스는 가까운 동물 사이끼리 그런 사태가 일어나는 드문 예로 손꼽힌다.

붉은청서는 영국의 숲에 서식하는 동물로, 인간에게 사랑받는 동물이다. 〈피터 래빗Peter Rabbit〉 시리즈에도 분위기를 잘 띄우는 귀여운 동물로 나온다. 그런데 붉은청서는 1870년대에 영지를 장식하기 위해 미국에서 캐롤라이나 회색 다람쥐가 유입된 이래, 급감했다. 개체 수가 약 350만 마리에서 12만~16만 마리로 줄었고, 그중 85퍼센트가 스코틀랜드에 서식한다. 또 잉글랜드, 웨일스, 북아일랜드에서는 준멸종 위기종으로 지정되었다. 반면 캐롤라이나 회색 다람쥐는 250만 마리가 넘는다고 한다.

처음에는 회색 다람쥐가 붉은청서보다 몸집이 두 배가량 크니, 붉은 청서가 먹이 경쟁에서 패배할 수밖에 없어 자연스럽게 개체 수가 감소했다고 생각했다. 그런데 20세기 후반, 붉은청서에서 높은 치사율을 보이는 병이 유행했다. 출혈성 궤양이 눈, 코, 입술 주변의 피부에 나타나, 가슴에서 서혜부, 다리로 퍼진 것이다. 1981년, 전자 현미경으로 관찰했더니 눈꺼풀의 부스럼에서 바이러스 입자를 발견하게 되었다. 이 바이러스는 소와 양에게 감염되는 파라폭스바이러스Parapoxvirus의 일종으로 추정되었다. 그러나 바이러스를 분리해 보니 이 바이러스는 새로운 바이러스라는 사실이 밝혀졌고, 이것엔 다람쥐파라폭스바이러스라는 이름이 붙었다.(16)

이런 병은 회색 다람쥐를 들여오기 전에는 발생하지 않았다. 연구진이 건강한 회색 다람쥐를 조사했더니 223마리 중 61퍼센트에 리스파라폭스바이러스의 항체가 검출되었다. 이에 대해 140마리의 붉은청서는 3.2퍼센트만이 양성 항체가 있고, 나머지는 사망하거나 죽어가고 있었다. 또 양성 항체의 회색 다람쥐가 서식하는 지역에서는 음성 항체 지역보다 20배의 속도로 붉은청서의 개체 수가 감소했다. 야외에서 죽은 붉은청서의 피부 유제를 접종했더니, 회색 다람쥐는 여전히 건강했지만 붉은청서에게는 심각한 증상이 나타났다.(17)

회색 다람쥐에 무증상 감염을 일으키는 리스파라폭스바이러스가 근친 종인 붉은청서의 개체 수 감소에 영향을 미쳤으리라고 추정된다.

에이즈 증상 발현을 억제하다

최근 인간과 공생하는 바이러스가 인간면역부전바이러스에 의한 에이즈 증상 발현을 억제할 가능성이 주목된다. 그것은 GB 바이러스 C형(GBV-C) 또는 G형 간염바이러스라는 바이러스다. 이름이 두 개인 것은 다른 경위로 발견되어 각각 명명된 후, 같은 바이러스라는 점이 확인되었기 때문이다.

GBV-C는 성행위, 수혈, 혈액 제제 등 다양한 경로를 통해 전 세계에 퍼졌다. 혈액의 약 2퍼센트에는 GBV-C가 함유되어 있다는 추정도 있다. 그러나 간 기능에 이상이 보이지 않고 병을 일으킨다는 소견은 지금까지 알려지지 않았다. 또 G형 간염이라는 병도 확인되지 않았다.

1998년, 나고야대학 내과의 도요타 히데노리豊田 秀德 연구팀은 인간면역부전바이러스에 감염된 혈우병 환자 중 GBV-C에도 감염된 환자는 혈액 속의 인간면역부전바이러스 양이 적고, 에이즈에서 사망으로 진행하는 속도가 GBV-C 음성인 경우보다 늦는 경향이 보였다. 이것이 계기가 되어 GBV-C가 인간면역부전바이러스 감염을 억제할 가능성을 찾는 연구가 활발하게 이루어졌다.(18)

2004년에는 미국에서 6백여 명의 인간면역부전바이러스 감염자를 대상으로 GBV-C의 영향을 해석한 결과가 나왔다. 결과에 따르면 인간면역부전바이러스에 감염되었을 때 GBV-C에 지속 감염된 사람이 5~6년 내에 사망할 확률은 GBV-C 음성인 사람의 약 3분의 1이었다. 그 뒤에도 GBV-C에 감염되면 인간면역부전바이러스의 예후가 좋다고 보고되었다.(19)

GBV-C는 인간면역부전바이러스와 같은 림프구에 감염된다. 그때 인간면역부전바이러스가 세포에 침입하는 데 필요한 세포 표면의 수용체를 변화시켜서 인간면역부전바이러스가 증식하지 못하게 한다고 추측된다. 인간면역부전바이러스에 감염될 위험이 큰 사람들에게 접종하는 백신으로 GBV-C를 이용하는 제안도 있었다.(20)

우리는 20세기에 인간과 가축, 작물과 같은 우리 생활과 밀접한 관계가 있는 생물을 병들게 하는 바이러스에 관심을 두었다. 그러나 자연계를 널리 살펴보면 바이러스의 생태는 우리가 상상할 수 없을 만큼 복잡하고 정교하다. 기존의 인간을 중심에 둔 관점이 아니라 바이러스의 관점에서 자연계를 살펴보면 바이러스와 생물 간의 복잡한 관계가 새롭게 보일 것이다.

GBV-C라고 부르는 이유

두 개의 이름이 생긴 이 바이러스를 발견하는 과정은 A형 간염바이러스의 탐색과 깊은 연관이 있다. 그 경위를 살펴보자.

간염의 역사는 무척 오래되었다. 히포크라테스Hippocrates의 기록에 따르면 기원전 5세기에 황달 증상이 나타나는 사람이 많았다. 유럽에서 간염은 콜레라와 페스트에 이어 세 번째로 큰 유행을 일으킨 질병이었다. 미국의 남북 전쟁 때는 7만 명이 넘는 환자가 발생해 전염성 간염이라고 불리었다.

제2차 세계 대전 중이던 1942년, 3만 명 가까운 미군 병사가 반년 만에 간염에 걸렸다. 황열 백신 접종이 의심스러워 조사한 결과, 백신 부작용을 덜기 위해 함께 접종했던 황열에서 회복한 사람의 혈청이 원인이라는 사실이 밝혀졌다. 이미 알려진 수혈로 인해 발생하는 혈청 간염과 같았다. 전염성 간염에 걸렸어도 혈청 간염에 걸린다는 것이 밝혀졌고, 1952년, 세계 보건 기구 바이러스 간염 전문가 회의는 전염성 간염을 A형, 혈청 간염을 B형으로 규정했다.(21)

그 뒤 B형 간염바이러스는 1965년에 발견되었다. 다음 해, 미국 시카고Chicago 프레스비테리안Presbyterian병원의 프리드리히 다인하드Friedrich Deinhard는 A형 간염이라고 진단받은 외과 의사 조지 버거의 혈청을 남미산 소형 원숭이인 마모셋에 접종해서 간염을 일으키는 바이러스를 분리했다. 그는 이것이 A형 간염의 원인이라고 생각하고 환자의 머리글자를 따서 GB 바이러스라고 명명했다.

A형 간염바이러스를 발견한 것은 엄청난 반향을 불러왔다. 하지만 얼마 안 가 이것은 마모셋이 원래 갖고 있던 바이러스라는 것이 밝혀졌다. 1995년, 마모셋에는 두 종류의 GB 바이러스가 존재하는 것이 알려져 A와 B로 나뉘었다. 또한 남아프리카의 간염 환자에게서 휴바이러스와 공통된 유전자 배열의 바이러스가 분리되었다. 이것은 GB 바이러스 C로 명명했다.

같은 무렵 한 만성 간염 환자에게서 바이러스가 분리되었다. 당시 A에서 F◆까지의 간염바이러스를 발견했으므로 이것은 G형 간염바이러스라고 했다. 그런데 이 바이러스는 GB 바이러스 C와 유전자 구조가 같았다. 즉 같은 바이러스이다. 이런 이유로 하나의 바이러스에 두 개의 이름이 생겼다.(22)

GBV-C는 C형 간염바이러스와 같은 플라비바이러스^{Flavivirus}과로 분류된다. A형 간염바이러스는 1973년에 분리되어 폴리오바이러스 등과 같은 피코르나바이러스^{Picornaviruses}과로 분류된다.

◆ 그 뒤 F형 간염바이러스는 더 이상 확인되지 않기 때문에 간염바이러스 목록에서 지워졌다.

제7장
상식을 뒤집은 바이러스들

．
．

바이러스는 열에 약해서 60도 이상에서는 단 몇 초 만에 사멸한다(제1장). 이것은 바이러스 소독 등 바이러스 감염 방지 대책에서 특히 중요한 특징이 된다. 또 바이러스는 세균 여과기를 통과하는 미생물로 발견됐기 때문에 세균보다 훨씬 작은 존재로만 여겨졌다(제2장). 이 특징은 오랫동안 바이러스를 식별하는 기준으로 자리 잡았고 사실상 바이러스를 정의하는 것이기도 했다.

그러나 20세기 후반 열탕에서 증식하는 고세균을 발견했다. 21세기가 되자 세균 여과기에서 포착할 수 있는 거대 바이러스를 연달아 발견했다. 기존 상식을 뒤집은 이 두 바이러스는 바이러스학이 새롭게 도전해야 하는 과제로 등장했다.

'죽음의 세계' 속 풍요로운 바이러스 생태계

초호열균의 역사는 오래되었지만 새롭기도 하다. 1897년, 식물학자 브래들리 데이비스Bradley Davies는 〈사이언스Science〉 지에 미국 옐로스톤 국립 공원의 80도에 달하는 온천에 '식물'이 존재한다고 발표했다. 그가 발견한 것은 지금으로 말하자면 세균이었지만, 당시 세균은 식물로 분류되어 있었다. 또 1903년에는 미생물학자 윌리엄 세첼은 89도 이상의 고온에서 증식하는 세균을 관찰했다. 그러나 그 뒤 그들의 관찰은 잊혔다.

약 70년 뒤, 미생물학자 토머스 브록Thomas Brock은 옐로스톤 국립 공원의 85도 온천에서 증식하는 미생물을 분리해 술포로부스 아키도칼 다리우스Sulfolobus acidocaldarius라고 이름 붙였다. 이것은 초호열균 연구의 막을 열었다. 이 이름의 뜻은 '나뭇잎 같은Lobe 형태로 유황Sulfur을 함유한 고온Caldus의 산성Acid 환경에서 서식한다'라는 뜻이다. 그래서 브록은 초호열균의 아버지로 불린다.

제4장에서 이야기했듯이 초호열균은 볼프람 지리히의 연구를 바탕으로 아키아라는 새로운 생물로 분류된다. 갑자기 나타난 새로운 생물군에도 바이러스가 존재할까? 초호열균은 바이러스라면 금방 죽는 고열 환경에서 생존한다.

아키아가 아직 고세균이라고 불리며 세균의 일종이라고 생각했던 시대에 지리히는 고세균에도 파지가 존재한다고 생각했다. 그리고 1983년, 일본 벳푸別府 온천의 초호열균에서 술포로부스 시바타에1바이러스(SSV1)을 분리해 80도 전후에서 배양하는 데 성공했다.◆ 이것은 푸셀로바이러스Fusellovirus과로 분류되며 아키아바이러스의 대표 종이다.(1)

이것을 계기로 다양한 아키아바이러스가 잇달아 분리되었다. 막대기 모양의 바이러스인 SIRVSulfolobus islandicus rod-shaped virus와 20면체로 표면에 총좌와 같은 돌기가 여러 개 나온 STIVSulfolobus turreted icosahedral virus 등이 이에 해당한다.

그중에서도 대표적인 것은 아키디아누스 두꼬리바이러스Acidianus two-tailed virus, ATV다. 레몬 모양의 이 바이러스는 85도의 환경에서 세포 밖으로 방출되면 양쪽에 긴 꼬리가 뻗어나고, 레몬 부분은 절반으로 쪼그라든다. 실험적으로는 75도 이상이면 증류수에서도 두 꼬리가 뻗는다. 또 꼬리 유무와 상관없이 감염성이 있다.(2) 바이러스는 세포 밖에서는 단순한 입자일 뿐이므로 세포 밖에서 모습을 바꾸는 바이러스가 존재하리라고는 전혀 예상하지 못했다. 그러나 이 바이러스로 인해 훗날 비카우다바이러스Bicaudavirus, 두 개의 꼬리과가 새로 분류되었다[그림 8].

아키아바이러스는 지금까지 약 100종이 분리되었다. 바이러스 입자

◆ | 1974년, 지리히는 호염균에서 담배모자이크바이러스와 같은 필라멘트형 바이러스를 분리했다. 이것이 최초의 아키아바이러스지만 배양 조건을 알 수 없어 재현하지 못했다.

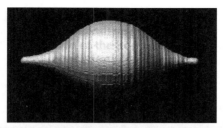

[그림 8] 저온 전자 현미경상의 3D 모델
꼬리가 없는 바이러스 입자(위), 꼬리가 길게 뻗은 바이러스 입자(아래)
(참고문헌 (2)에서 인용)

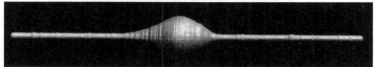

Ampullaviridae ／암풀라바이러스과

Fuselloviridae ／푸셀로바이러스과

Globuloviridae ／글로불로바이러스과

Guttaviridae ／구타바이러스과

Plasmaviridae ／플라즈마바이러스과

Salterprovirus ／살텔프로바이러스

Bicaudaviridae ／비카우다바이러스과

Lipothrixviridae ／리포트릭스바이러스과

Rudiviridae ／루디바이러스과

Myoviridae ／마이요바이러스과

Siphoviridae ／시포바이러스과

100 nm

[그림 9] 아키아바이러스의 대표적 형태
(국제 바이러스 분류 위원회(International Committee on Taxonomy of Viruses[ICTV]) :
Virus Taxonomy Ninth Report. 2011. 일부 참조)

는 머리와 꼬리가 있는 것, 정이십면체, 방추형, 병 모양, 바실러스균 모양, 원형, 물방울 모양, 선형 등 다양한 형태를 보인다[그림 9]. 국제 바이러스 분류 위원회는 이것들을 15개의 바이러스과로 분류했다. 한편 세균의 파지는 6천 종 이상 발견했지만, 그중 95퍼센트 이상은 머리와 꼬리가 있는 바이러스이며 전부 10개의 바이러스과로 분류되었다. 이것으로 보아 아키아바이러스가 다양성을 갖춘 바이러스라는 것을 알 수 있다.(3)

극한 환경을 견디는 이형 DNA

아키아는 극한 환경(고열, 강산성, 고염 농도)에도 살아 있으며 그것에 감염된 아키아바이러스도 같은 환경에서 생존한다. 실험상으로도 80도라는 열탕에 가까운 온도에서도 배양할 수 있다. 일반적으로 생물이 살 수 없는 환경에서 아키아바이러스는 어떻게 살아 있을까? 최근 아키아바이러스는 극한 환경에 견딜 수 있는 독특한 생체 분자로 이루어져 튼튼한 증식 수단이 있음이 밝혀졌다.

술포로부스 아일랜딕스는 80도, pH3.0에서 생존하는 아키아다. 1999년, 미국 옐로스톤 국립 공원에서 술포로부스 아일랜딕스에서 바이러스가 분리되었다. 그것은 술포로부스 아일랜딕스 봉 모양 바이러스 2(SIRV 2)라는 이름의 루디바이러스Rudivirus과로 분류했다. 2015년, 이

SIRV 2를 초저온에서 급속 동결해 저온 전자 현미경으로 관찰해서 컴퓨터 모델을 구축한 결과를 발표했다.

이 바이러스는 기존의 바이러스에는 없는 입체 구조를 띠고 있었다. 먼저 캡시드 단백질이 나선형 이중 가닥 DNA의 주위를 빽빽하게 감고 있었다. DNA의 나선 구조에는 A형과 B형이 있고, 일반적으로는 B형이지만 이 바이러스의 DNA는 A형이었다. A형은 B형 DNA에서 수분을 제거하면 보인다. 자연계에서 A형이 발견되는 예로는 바실루스속(탄저균이나 낫토균이 포함) 등 일부 세균의 아포芽胞가 있다. 일반적인 증식형 바실루스는 DNA가 B형이지만 영양 상태나 온도 환경이 나빠지면 아포가 되고 DNA가 A형으로 변한다. 그런 뒤 휴면 상태로 몇 년씩 생존한다. SIRV 2는 캡시드 단백질이 결합해서 바이러스 DNA가 A형으로 변했다고 추정된다.(4)

또 이 바이러스 입자의 양쪽 끝에는 각각 3개의 가늘고 긴 봉 모양의 섬유가 나와 있는데, 이것이 아키아의 세포에 결합한다고 추측된다[그림 10]. 전자 현미경으로 관찰하니 1분 안에 바이러스 대부분이 숙주 세포 표면에 다수 존재하는 섬모와 결합하고 있었다. SIRV 2는 극한 환경에 단시간 노출되었을 뿐인데 세포 내에 금방 침입하는 듯하다.(5)

다른 유형의 아키아바이러스의 구조도 SIRV 2처럼 독특할까? 피막(외

[그림 10] SIRV 2의 입체 구조
(스위스 생명 정보학 연구소, http://viralzone.expasy.org)

피)이 있는 바이러스는 SIRV 2와 같은 외피가 없는 바이러스보다 복잡한 구조를 띠기 때문에 극한 환경에서의 생존 시스템에 관해 깊게 연구할 수 없었다. 2003년, 옐로스톤 국립 공원의 온천에서는 AFV1[Acidi-anus filamentous virus1]라는 끈 모양의 바이러스가 분리되었다. 2017년에는 이 바이러스의 외피가 자연계에서는 알려지지 않은 특수한 미세 구조로 되어 있다는 사실이 밝혀졌다.(6)

저온 전자 현미경으로 관찰한 내용을 컴퓨터로 해석한 결과, 바이러스 입자 직경은 약 18나노미터이고 외피의 두께는 일반적인 세포막의 절반 정도인 2나노미터에 불과했다. 그런데도 외피가 바이러스 입자의 총질량의 40퍼센트를 점유했다. 지질의 분자가 말굽 모양의 구조를 이루면서 외피에 꽉 차 있기 때문이었다. 이런 구조를 한 외피가 발견된 것은 처음이었다[그림 11].

바이러스의 외피는 숙주 세포의 세포막에서 만들어진다. 아키아바이러스는 숙주가 되는 아키아의 세포막은 특수한 지질로 형성되며, 세균이나 진핵생물의 이중막과 달리 단층 구조였다. 이중막은 고온에서는 벗겨질 위험이 있지만, 단층이면 그런 일이 일어나지 않기 때문에 훨씬 안정적이다. 이런 탄탄한 소재로 이루어

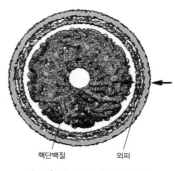

핵단백질   외피

[그림 11] AFV1의 외피 구조
(참고문헌 (6)에서 인용)

진 바이러스의 외피가 말굽 모양이라는 특수한 구조를 가짐으로써 극한 환경에 견딜 수 있는 것으로 추측된다.

또 이 바이러스 입자의 내부에서는 캡시드 단백질이 DNA의 주위를 둘러싸고 핵단백질을 형성한다. DNA의 나선은 SIRV 2와 같이 A형이다. 이 또한 앞서 말했듯이 매우 안정적인 구조이다.

아키아바이러스는 세포에서 방출될 때의 과정도 독특하다. 일반적인 외피가 없는 바이러스(폴리오바이러스 등)는 성숙 바이러스가 세포 속에 가득하면 세포가 녹아서 파열하는데, 이때 바이러스 입자가 방출된다. 외피를 가진 바이러스(인플루엔자바이러스 등)의 경우에는 세포막을 외피에 주입하면서 세포 표면에 '발아'한 후 방출된다.

그에 비해 STIV와 SIRV 2 등의 아키아바이러스는 '탈출 구멍'을 만든다. 이것들의 바이러스 입자가 아키아의 세포 내에서 형성되면 7개의

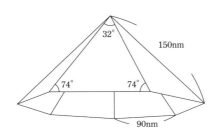

이등변 삼각형의 면을 가지며 바닥이 빠져 있는 피라미드 구조가 다수 아키아의 세포 입자 내에 나타난다[그림 12]. 이 피라미드는 바이러스 단백질로 만들어져 있고, 완성되면 곧바로 그 끝단이 세포막을 뚫고 7개의 면

[그림 12] 마케이아바이러스의 '탈출 구멍'
(참고문헌 (7)을 바탕으로 작성)

이 꽃잎처럼 벌어져 막에 구멍을 낸다. 바이러스 입자는 이 구멍에서 방출된다. 다른 바이러스에서는 볼 수 없는 독특한 바이러스 방출 방법도 아키아바이러스가 극한 환경에서 사는 수단 중 하나일지도 모른다.(7)

바이러스의 맹점 - 거대 바이러스 발견

거대 바이러스는 아키아바이러스와는 달리 무척 흔한 곳에서 발견되었다. 1992년, 영국 리즈시 공중위생 연구소의 세균학자 팀 로버섬^{Tim} Rowbotham은 관할 지역인 브래드포드^{Bradford} 시에서 유행하는 폐렴의 원인을 조사하고 있었다. 그는 처음에 레지오넬라^{Legionella, 흙에 존재하는 세균 중 하나 - 옮긴이 주}가 폐렴의 원인이 아닐까 생각했다. 이 균은 1970년대에 미국 재향 군인회에서의 폐렴의 원인인 건물 공조 냉각수에서 분리한 것

으로, 그 이름은 재향 군인Legion에서 유래한다.

아메바는 이물질을 무차별적으로 탐식한다. 그는 냉각탑의 냉각수를 아메바에게 접종해 아메바 내에서 배양하는 것을 시도했다. 그렇게 해서 몇 가지 세균을 분리할 수는 있었지만, 레지오넬라와의 동일성을 판정하지는 못했다.

3년 뒤, 로버섬이 연구하는 세균을 프랑스 엑스-마르세유대학교 Aix-Marseille Université 리케차Rickettsia 부문 교수인 디디에 라울에 보냈다. 리케차는 세균이지만 인공 재배로는 늘어나지 않는다. 그래서 라울은 아메바 배양할 때 항상 아메바에서 리케차를 배양했다. 그는 리보솜의 16S RNA를 코딩하는 DNA의 배열을 해독해서 세균의 종류를 판정하기로 했다. 몇 가지 균은 레지오넬라에 속한다는 것을 알았지만, 로버섬이 '브래드포드구균'이라고 명명했던 세균에서는 목적한 DNA를 증식하지 못한 채 1년이 흘렀다.

라울은 이 세균의 세포벽이 단단해서 DNA를 추출할 수 없다고 생각해 추출 처리를 하기 전과 후의 샘플을 전자 현미경으로 관찰했다. 그러자 놀랍게도 브래드포드구균이 증식한 아메바 속에는 규칙적인 정이십면체의 입자가 가득했다. 이리도바이러스Iridovirus라는 곤충이나 물고기에 감염되는 거대한 바이러스와 비슷한 모양이었다. 이 입자에는 이중 가닥 DNA의 커다란 게놈이 포함되었으며, 증식할 때 모습이 일시

적으로 사라지는 암흑기가 존재했다. 즉 브래드포드구균은 세포가 아
닌 바이러스였다. 그 게놈은 약 120만 염기쌍으로 이루어졌고, 25종류
의 세균 게놈보다 컸다.(8)

이 바이러스는 세균과 비슷한^{Mimic} 미생물이라는 의미로 미미바이러
스라는 이름이 생겼으며, 2003년에 발표되었다. 이때부터 거대 바이러
스 연구가 시작되었다.

처음에 미미바이러스를 브래드포드구균으로 분리한 로버섬과 미미
바이러스를 발견한 라울은 둘 다 세균학자일 뿐 바이러스학자는 아니
었다. 사실 지금까지 수많은 세균학자가 이 거대 바이러스를 관찰했을
것이다. 그러나 바이러스라고 생각하지 않고 지나쳤다. '바이러스는 광
학 현미경으로 볼 수 없다'는 20세기 초의 상식에서 벗어나지 못했기
때문이다. 거대 바이러스의 발견은 선입견에 사로잡히기보다 자연계를
관찰해야 한다는 필요성을 일깨워주었다.

거대 바이러스를 연달아 발견하다

작은 세균보다 큰, 광학 현미경으로 볼 수 있는 거대 바이러스를 발
견하자 사람들은 큰 충격을 받았다. 그때부터 거대 바이러스를 탐색했
고, 2008년 라울 연구진이 마마바이러스와 무무바이러스^{Moumouvirus}를
냉각탑 냉각수에서 분리했다. 그때까지 분리한 거대 바이러스는 6개

그룹으로 나눈 후, 그중 미미바이러스과와 마르세유바이러스과가 국제 바이러스 분류 위원회에서 인정받았다[표 1].

거대 바이러스는 미미바이러스과에 분류된 것이 가장 많으며 40종 이상 존재한다. 냉각수, 강물, 해수와 같은 환경, 의료용 거머리, 콘택트 렌즈 보존액, 인간의 호흡기나 변 등 다양한 곳에서 분리되었다.(9) 마르세유바이러스과에는 8종이 분리되었다. 그중 담수에서 3종, 다른 곤충에서 1종, 무증상 인간에게서 2종이 분리되었다.(10)

바이러스의 최대 크기는 계속 기록을 경신하고 있다. 2013년, 칠레Chile의 해안과 오스트레일리아의 호수에서 미미바이러스보다 훨씬 큰 직경 1000나노미터나 되는 바이러스가 분리되어 판도라바이러스Pandoravirus라고 불렀다.

2014년에는 시베리아의 3만 년 전 툰드라에서 피토바이러스가 분리되었다(제1장 참조). 피토바이러스의 입자 크기는 1500나노미터나 되며 그때까지 분리된 바이러스 중 가장 크다. 미미바이러스와는 다른 계통으로 인식된다.

[표 1] 아메바에서 분리한 주요 거대 바이러스

바이러스	계열	분리원	입자 형태	입자 크기 (nm)	유전자 수 (추정)
미미바이러스과			정이십면체	750	1182
미미바이러스	A	냉각수			
마마바이러스	A	냉각수			
힐드바이러스	A	의료용 거머리			
렌틸바이러스	A	콘택트렌즈 보존액			
삼바바이러스	A	네구로 강(브라질)			
무무바이러스	B	냉각수			
메가바이러스	C	해안			
샹바이러스	C	폐렴 환자의 변			
마르세이유바이러스과			정이십면체	250	368
마르세이유바이러스	A	냉각수			
칸8바이러스	A	냉각수			
로잔바이러스	B	센 강			
튀니스바이러스	C	담수			
인섹트마임바이러스	C	꽃등에과 (파리 목[f]의 곤충)			
판도라바이러스		해안, 호수	달걀 형태	1000 × 500	2474
피토바이러스		툰드라	달걀 형태	1500 × 500	610
파우스트바이러스		하수	정이십면체	250	466
모리바이러스		툰드라	구형	500	652

거대 바이러스에 기생하는 바이러스

2008년, 라울 연구팀은 마마바이러스를 분리할 때 작은 바이러스 입자를 발견했다. 바이러스에 기생하는 소형 바이러스의 존재는 그 전부터 알려졌으며 '위성바이러스'라고 불렸다. 이에 대해 숙주 바이러스를 '헬퍼바이러스Helper virus'라고 한다. 그들은 이 소형 바이러스를 최초의 인공위성의 이름을 따서 스푸트니크바이러스Sputnikvirus라고 불렀다.

스푸트니크바이러스는 마마바이러스가 감염시킨 아메바에서만 증식할 수 있다. 더구나 이 바이러스가 증식하면 마마바이러스의 생성량이 30퍼센트가 되고, 생성된 마마바이러스 형태는 이상해진다. B형 간염바이러스를 헬퍼로 하는 D형 간염바이러스 등 위성 바이러스가 여러 개 알려져 있었다. 이것들은 헬퍼바이러스의 증식을 방해하지는 않는다. 연구팀은 헬퍼바이러스의 증식을 막는 스푸트니크바이러스는 기존의 위성 바이러스와는 다르다고 판단하고, 세균을 먹는 바이러스인 '박테리오파지'를 따서 바이로파지Virophage라고 명명했다. 바이로파지도 거대 바이러스처럼 잇달아 발견됐다.(9)

거대 바이러스는 사람을 병들게 할까?

최초로 발견한 거대 바이러스인 미미바이러스는 폐렴 원인을 조사하다 발견됐다. 우리가 사는 곳곳에 거대 바이러스가 존재한다는 사실이 밝혀지면서 바이러스로 인해 질병에 걸릴 수 있다는 우려가 증폭된다.(11)

라울의 연구실에서 미미바이러스를 연구하던 실험 조교가 폐렴에 걸린 것이 바이러스 발견의 계기가 되었다. 조교는 미미바이러스에 대한 항체가 있었다. 폐렴을 일으키는 다른 병원체에 대한 항체는 음성이었으므로 미미바이러스에 의한 폐렴 가능성이 제기되었다.

같은 미미바이러스과인 렌틸바이러스는 각막염으로 진료를 받은 한 여성이 평소 사용하던 콘택트렌즈 보존액에서 분리되었다. 각막 표면을 문질러 채취한 샘플 검사에는 아메바나 세균 감염 소견이 없었기 때문에, 각막염은 렌틸바이러스가 원인일 것이라고 추정된다.(12)

또, 질병과의 관련성은 발견되지 않았지만, 사람에게도 몇몇 거대 바이러스가 분리되었다.

튀니지Tunisia에서는 폐렴에 걸린 196명의 호흡기 샘플을 조사한 결과, 한 여성에게서 미미바이러스가 분리되었다.(13) 또, 항균 약을 써도 효과가 없었던 폐렴 환자의 변에서 미미바이러스과의 바이러스가 분리되었다.(14) 세네갈Senegal에서 사는 남성의 변에는 우연히 마르세유바이러스과의 바이러스가 분리되어 세네갈 바이러스라는 이름이 붙여졌다.

미미바이러스과의 힐드바이러스는 튀니지와 프랑스의 작은 강에서 잡은 거머리의 내장을 아메바에게 접종해서 분리했다(15). 거머리의 타액은 혈액 응고를 막는 작용을 하기 때문에 미국에서는 의료용 거머리로 승인받았고, 1980년대부터 일본에서도 외과에서 쓰고 있다. 이 말은 의료용 거머리로부터 거대 바이러스에 감염될 가능성도 있다는 뜻과 같다.

아키아바이러스와 거대 바이러스의 발견은 바이러스의 역할이나 존재 의의에 새로운 전망을 부여했다. 일설에 생명의 기원은 깊은 바다의 열수 분출공 부근에 있다고 생각했는데, 이 영역에서도 아키아바이러스를 발견했다.(16) 즉 바이러스가 생명의 기원에 관여했을 가능성이 커졌다고 할 수 있다. 거대 바이러스는 앞장에서 말했듯이 기존의 생물 분류 기준에 의문을 제시하고 생명이란 무엇인가, 라는 문제를 다시 제기했다. 바이러스학의 상식을 뒤집은 두 가지 바이러스군은 지금 생물학의 바닥을 크게 흔들고 있다.

제8장
수중에 퍼지는 바이러스 세계

•
•

    20세기 후반까지 바이러스에 대한 연구자들의 관심은 20세기 육상 생물을 숙주로 하는 것에 한정되어 있었다. 바다에 사는 바이러스에 관해서는 수산업 확립을 위해 양식어에 발생하는 질병(어병)의 원인이 되는 바이러스를 연구하는 정도였다. 광대한 해양에서 바이러스가 증식하리라고는 누구도 상상하지 못했기 때문이다.

    그러나 최근, 해수나 담수와 같은 수권水圈 환경에 광대하고 지극히 흥미로운 바이러스 세상이 존재한다는 것이 서서히 드러나고 있다. 그뿐 아니라 해수나 호수에 존재하는 이 바이러스들이 수권 생태계, 나아가 지구 환경에 영향을 미칠 가능성도 시사된다.

    수권 바이러스의 주요 숙주는 식물과 미생물이다. 예를 들어 수권 곳곳에는 해조류가 있다. 그중 클로렐라Chlorella처럼 현미경 만한 크기의 작은 것은 '미세 조류'라고 불리며 약 10만 종이 존재한다. 그중 부유성이 있는 미세 조류는 '식물 플랑크톤'이라고도 하며 광합성에 의해 대기 중의 이산화탄소를 이용해 산소를 생성한다. 20세기 중반에 이 미세 조류도 바이러스의 숙주가 된다는 사실이 밝혀졌다.

물이 녹색으로 변하는 녹조 현상의 원인으로 알려진 남조도 미세 조류의 일종이다. 원래 남조는 계통적으로는 조류가 아닌 대장균 같은 그람음성균^{Gram-negative bacteria}이며, 정확히는 '원핵생물'로 분류된다. 그러므로 남조에 감염하는 바이러스는 세균을 숙주로 하는 바이러스와 마찬가지로 편의상 '파지'로 불렸다.

그 밖에도 해수에는 다양한 종류의 세균이 생식한다. 그중 상당수는 그람음성균이고, 해수와 같은 염도의 배지에서 잘 자란다. 또 해저 바닥에는 그람양성인 연쇄구균^{Streptococcus}이나 포도상구균 등이 자란다. 또 이것들에 감염하는 바이러스(파지)도 많이 존재한다.

미지의 바이러스 생태계를 발견하다

1963년, 담수의 남조에서 파지가 분리되면서 파지를 이용한 녹조 억제 기술 가능성이 주목받았다. 그러나 배수 규제에 따라 녹조가 감소하자 파지에 대한 관심도 줄어들었다.(1)

바이러스가 생존하려면 특정한 종의 숙주에서 숙주로 바이러스가 건너가야 한다. 그것을 위해 오랜 세월 생물이 많지 않았던 수권에서 바이러스가 안정적으로 생존할 수 있을지 의구심이 들었다. 그러나 1970년대 후반에 이 '상식'이 뒤집혔다. 연안에서 채취한 해수를 여과기로 여과해 여과기상에 포집된 세균의 수를 핵산 염색용 형광 색소로 염색해서 그 수를 센 결과, 1밀리리터당 100만 개 이상의 세균을 관찰할 수 있었다.(2) 이렇게 많은 세균이 밀접하게 존재한다면 그것들에 감염되는 방대한 수의 파지가 해수에도 존재할 것이다. 그러자 다시 수권의 바이러스에 관한 관심이 커졌다.

노르웨이Norway 베르겐대학교University of Bergen의 에이빈 베리 연구팀은 세계 각지의 바닷물과 호수를 채취해 원심 분리 기술로 수분을 제거한 뒤, 전자 현미경으로 직접 관찰했다. 그러자 1밀리리터당 수백만에서 수천만 개 이상의 바이러스 입자가 둥둥 떠다니는 것을 볼 수 있었다. 그것은 광대한 미지의 바이러스 생명권이 발견되었음을 의미한다. 1989년에 〈네이처〉 지에 게재한 그들의 논문이야말로 수권 바이러스학의 출발점이었다고 할 수 있다.(3) 실제로 적지 않은 연구자들이 이 논문에 자극을 받아 수권 바이러스를 연구했다.

그렇다면 살 수 있는 생물이 무척 적다고 알려진 극한 환경에서는 어떨까? 1996~1997년, 남극의 여러 호수에서 조사했더니 1밀리리터의 물에 400만~1,000만 개의 바이러스 입자가 검출되었다.(4) 또 염도가 해수의 10배 이상인 염전, 80도 이상의 고열이며 pH 3.0인 산성 온천, pH 10 이상인 고알칼리성의 모노호(미국 캘리포니아) 등의 극한 환경에서도 많은 양의 바이러스가 검출되었다. 극한 환경에서 발견한 바이러스는 거의 아키아를 숙주로 하는 바이러스다.(5) 수심 1,000미터의 심해에서도 바이러스를 발견했다. 이 바이러스들은 주로 남조의 파지와 아키아바이러스로 추정된다. 본래 광합성에 의지하며 사는 남조가 심해에 존재하는 것은 표층에서 침전하기 때문이다. 이처럼 생물은 인간의 상상을 초월한 가혹한 환경에서 생식하며 바이러스도 발견할 수 있다.

캐나다 브리티시콜롬비아대학교University of British Columbia의 해양 바이러스학자 커티스 서틀Curtis Suttle은 여러 보고를 바탕으로 해수 1밀리리터에 존재하는 바이러스 양을 심해에서는 적어도 3천만 개, 연안에서는 1억 개로 가정하고 계산했다. 이렇게 계산해 보니 지구상의 해수 1리터에는 평균 30억 개의 바이러스가 존재하며 지구상의 해수(13×10^{21}리터)에는 4×10^{30}개의 바이러스가 있다고 추정했다.

탄소는 생물의 몸을 구성하는 단백질과 DNA의 필수 분자이자 생물의 골조를 형성하는 원소다. 그래서 한 개의 바이러스의 중량을 탄소 양으로 약 0.2펨토그램(fg, 1,000조 분의 1g)이라고 가정하면 해양 바이러스의 총량은 2억 톤이 된다. 이 중량은 흰수염고래 7,500만 마리에 상당한다. 흰수염고래의 몸무게는 150~160톤에 달함. - 옮긴이 주). 또 이 바이러스의 길이를 약 100나노미터라고 가정하면 해양 바이러스를 모두 이어서 사슬을 만들면 은하계 직경의 100배를 넘는 길이가 된다고 한다.(6) 그러니 어떻게 환산해도 그 방대함을 파악하기가 쉽지 않지만, 아무튼 이렇게 엄청난 양의 바이러스가 해양 환경에 존재한다는 것이 해양 생물학의 상식으로 자리 잡았다.

바이러스는 적조 소멸에 관여한다

그러면 위와 같이 해양에 방대한 바이러스가 존재한다면 이런 바이러스는 어떤 역할을 하고 해양 생태계에 어떤 영향을 미칠까? 지속적인 적조 조사로 그 일부를 살짝 엿볼 수 있다.

미세 조류가 폭발적으로 늘어나면 수면은 조류의 종류에 따라 붉은색, 갈색, 보라색 등 다양한 색깔로 변한다. 해양학 분야에서는 이 현상을 '적조' 또는 '블룸 Bloom : 꽃이 활짝 폈다는 뜻'이라고 부른다. 또 남조의 경우는 녹조라고 한다. 적조를 일으키는 미세 조류는 수십 종이 알려져 있으며, 종류에 따라서 바다는 다양한 색으로 물든다.

예를 들어 침편모조류Raphidophyceae의 일종인 침편모조는 남북 양반구의 온대 지역에서 초여름에 증식해 갈색을 띤 적조를 형성한다. 또 착편모조강의 일종인 원석조Emiliania huxleyi가 증식했을 때 수면이 유백색이나 짙은 물빛의 푸른색으로 변하기 때문에 '백조'로 불린다. 이른바 '적조'의 어원이 된 것은 광합 기능이 없는 와편모조의 야광충이다(이 조류는 연한 분홍색의 색소가 있다).

바이러스는 미세 조류에 어떤 영향을 미칠까? 일본의 전前 수산 종합 연구 센터 세토나이해구 수산 연구소의 나가사키 게이조長崎 慶三, 현 고치 대학 연구팀은 1993년, 히로시마만에서 발생한 편모조Heterosigma akashiwo 에 의한 적조 현상 해수를 투과 전자 현미경으로 관찰했다. 그러자 정상적인 편모조세포에 섞여서 다수의 바이러스 모양 입자를 함유한 세포가 존재하고, 이 세포의 비율이 적조 소멸에 따라 증가하는 것을 발견했다. 그들은 편모조에 감염하는 바이러스를 분리·배양하는 데 성공해 이것을 헤테로시그마바이러스(HaV)라고 명명했다. 계통학적 해석 결과, HaV는 미세 조류 바이러스로써 최초로 발견된 피코드나바이러스과科◆의 클로렐라바이러스와 가까운 친척뻘 바이러스라고 생각된다. 또 1998년, 그들이 적조가 발생하는 시기에 조사한 내용에 따르면, 헤테로시그마세포가 급격히 감소할 때 HaV의 밀도가 급속히 증가했다. 적조가 소멸한 뒤에 살아남은 헤테로시그마 중 상당수는 HaV 저항성을 갖고 있었다. 이것을 근거로 이 그룹은 HaV가 헤테로시그마 개체

◆ | (135항) 이 바이러스과 이름은 고대 그리스어로 '해조에서 유래'를 나타내는 접두사 피코phyco에 도너dna 를 붙인 것이다. 피코드바이러스는 미미바이러스와 같은 계열이며 거대 바이러스의 일종이다.

군 중에서 적조를 종식시키는 것에 관여할 가능성이 있다고 생각되었다.(7)

또 1999년, 영국 해안의 원석조에서 새로운 피코드바이러스가 분리되어 코코리소바이러스라는 이름이 붙었다. 이것은 탄소 칼슘의 결정으로 만들어지는 원석 Coccolith, 코콜리스에 유래한다. 이 바이러스는 원석조 블룸을 조절한다고 추측된다.(8)

적조에 관여하는 것은 피코드바이러스만이 아니다.

1988년, 일본 고치현의 바다에서 와편모조의 일종인 헤테로캅사 서큘라리스쿠아마Heterocapsa circularisquama에 의한 적조가 발생했다. 그 뒤이 현상은 일본 각지에서 빈번하게 보였다. 나가사키 연구팀은 이 적조에서 동종에 감염하는 단일 구조 RNA 바이러스를 분리해 헤테로캅사 RNA 바이러스(HcRNAV)라고 명명했다. 5년간의 조사에 의하면 이 바이러스도 헤테로캅사 적조 소멸에 관여할 가능성이 있다. 또 헤테로캅사 적조가 발생할 때는 수중뿐 아니라 해저의 진흙에서도 HcRNAV가 현저히 증가했고, 적조가 소멸한 뒤에도 장시간 해저의 진흙에 HcRNA가남아 있었다.

사도시마의 가모호는 료쓰만과 이어지는 기수호해수와 담수가 섞여 있는 호수 - 옮긴이 주다. 2009년 10월, 이 호수에서 헤테로캅사 적조가 처음으로발생해, 한 달간 지속되었다. 그동안 양식 굴이 대량으로 폐사해 지역

수산업은 큰 피해를 입었다. 니가타현과 수산 종합 연구 센터(현 수산 연구·교육 기구)는 가모호를 지속해서 조사해 헤테로캅사가 가모호에 거의 정착했고 HcRNA가 적조의 동태에 관여할 가능성이 있다고 판단했다.(9)

이렇게 바이러스가 적조라는 대규모 해양 현상에 관여할 가능성을 나타내는 자료가 차곡차곡 쌓이고 있다.

바이러스는 심해 생태계를 지지한다

해양에서 태양광이 미치는 수심 200미터까지를 '유광층有光層'이라고 하고, 그보다 깊은 부분은 모두 심해深海라고 한다. 유광층에서는 미세 조류가 광합성에 의해 이산화탄소와 물을 유기 물질로 변환하고 동화同化나 호흡과 같은 세포 활동을 한다. 이 미세 조류들은 동물 플랑크톤과 물고기의 먹이가 되고 죽은 물고기와 배설물은 세균에 의해 분해되어 가용성 유기 탄소로 해수에 녹아든다. 가용성 유기 탄소의 일부는 대기 중에 방출되고, 분해되지 않은 사체는 바다눈Marine snow이 되어 바다 밑으로 가라앉는다.

심해에는 태양광이 거의 닿지 않는다. 여기서는 어둠, 고수압, 저수온, 저산소와 같은 가혹한 환경에 적응하기 위해 유광층과는 크게 다른 독자적 생태계가 구축된다. 광합성으로 에너지를 얻는 생물은 생식할 수 없으므로 심해어 등의 생물은 유광층에서 침전되어 심해 바닥을 떠도는 바다눈을 먹이로 한다. 원핵생물(세균과 아키아)은 플랑크톤이나 죽은 물고기의 유기 물질을 영양으로 삼으며 증식한다.

이탈리아 마르케공과대학교Marche Polytechnic University의 해양 과학자 로베트로 다노발로는 심해저의 침전물을 조사해 1제곱미터당 약 1조~28조 개에 이르는 바이러스가 존재한다는 것을 발견했다. 그래서 바이러스에 의해 얕은 바다에서 심해까지의 해저 흙이 파괴된 원핵생물의 수를 조사했더니 깊은 해저일수록 원핵생물 사망률이 높고, 수심 1,000미터 이하에서는 90퍼센트의 원핵생물이 용해되었다. 심해에서는 그만큼 효율적으로 유기 물질이 생성된다는 것이다.(10)

심해에서는 광합성을 할 수 없기 때문에 산소가 거의 존재하지 않는다. 그러므로 '바이러스 증식에 의한 원핵생물 용해 → 새로운 원핵생물의 증식 촉진 → 바이러스 증식'과 같은 유광층과는 다른 사이클로 어마어마한 유기 물질이 생산되면서 심해 생태계를 떠받친다. 심해에서의 유기 물질 생산량은 연간 약 3.7~6.3억 톤의 탄소에 달한다고 추정한다.

열수 분출공에도 대량의 바이러스가 산다

심해저에는 350도에 달하는 뜨거운 물이 뿜어 나오는 '공'이라는 곳이 있다. 이 열수에 금속 황화물이 많이 함유되었을 때 열수가 심해의 차가운 물로 식히면 금속 황화물이 화학 반응을 일으켜 검게 변한다. 그것이 검은 연기를 피어나는 것처럼 보인다 해서 공을 블랙스모커^{Black smoker}라고 하기도 한다. 공은 원시적 생명이 태어난 곳일 것이라고 믿는 사람들이 많으며, 그곳의 생명 활동에 대한 관심이 커지고 있다.

이런 곳은 인간을 비롯한 거의 모든 생물에게 온도·수압 등 지나치게 가혹하고 도저히 살 수 없는 극한 환경이다. 하지만 이 '극한'이라는 말 자체도 인간의 가치관으로 왜곡된 표현일지도 모른다. 실제로 공 주위에는 엄청난 호열성 미생물이 생식한다. 특히 고온 부위에는 초호열균과 메탄균과 같은 아키아가 많다. 열수 분출공에서 채취한 초호열균을 배양했더니 유황, 수소, 이산화탄소만으로 증식하는 것이 밝혀졌다. 그들은 열수에 함유된 황화 화합물의 환원력을 이용해 유기물을 합성하면서, 열수 분출공 주위의 생태계를 지지한다. 간단히 말하자면 산소 호흡을 하지 않는 것이다. 또한 이 미생물과 함께 바이러스가 활동한다는 것이 밝혀졌다. 태평양의 열수 분출공에서는 1밀리리터당 1,000만 개에 달하는 바이러스 모양 입자가 검출되었다.(11)

열수 분출공 주변에서 분리된 세균이나 아키아에서도 그 게놈에 바이러스가 활동한 흔적이 보인다. 게놈 중의 크리스퍼^{CRISPR, 유전자 가위}라는 배열이 있다. 이것은 20~50 염기가 반복되는 짧은 배열로, 반복하는 동안 스페이서라고 불리는 배열이 존재한다.

이 스페이서 부분에 과거에 감염한 바이러스 유전자의 일부가 삽입되어 있다. 바이러스가 세균에 침투했을 때, 세균 DNA에 그 바이러스의 유전 정보와 일치하는 스페이서가 있으면 크리스퍼 부근에 DNA 절단 효소가 동원되어 바이러스 DNA가 인식, 절단된다. 이렇게 크리스퍼 배열은 과거의 바이러스가 침입한 기록이자 같은 바이러스에 다시 감염될 때를 대비한 면역 기능을 관장한다고 추정된다.

열수 분출공 주위에서 분리된 세균이나 아키아에는 게놈 당 수십에서 수백 개의 크리스퍼령 영역이 발견됐다. 이것은 열수의 미생물도 자주 바이러스 감염이 일어났음을 보여주는 흔적이라고 생각한다.(12)

또 환경 속의 샘플에 포함된 게놈을 조사하는 메타게놈^{Metagenome} 해석◆이라는 기술로 열수 분출공 주변의 진흙에 있는 바이러스 유전자의 실태가 어느 정도 밝혀졌다. 예를 들어 진흙에서 미생물의 주요 대사 경로에 관여하는 바이러스 유전자가 발견되었다. 바이러스가 가혹한 환경에서 미생물의 대사와 환경에 순응을 돕고 있을 수 있다.(13)

바이러스가 지구 환경에도 영향을 준다고?

'기후 변화에 관한 정부 간 패널^{Intergovernmental Panel on Climate Change, IPCC}'

◆ ｜ 메타는 '고차원'을 의미하는 접두사. 메타게놈은 환경 속의 모든 유전 정보를 가리킨다.

의 보고에 따르면 과거 100년간 지구의 표면 온도는 약 0.7도, 해면 기온은 약 0.67도 상승했으며 대기와 해양 시스템 온난화에 관해 의심할 여지가 없다고 한다. 해양은 지구 표면의 70퍼센트 이상을 점유하고 대기 중과 비교해 열을 1,000배 이상 흡수하는 능력이 있으므로 지구 환경을 유지하는 데 큰 역할을 한다. 여기서는 해양에 존재하는 바이러스가 지구 환경에 어떤 영향을 미치는지 생각해 보자.

일반적으로 해양 생태계에 관해 설명할 때 미세 조류는 동물 플랑크톤에 먹히고, 동물 플랑크톤은 물고기에게 잡아먹히는 식의 직선적인 생물 고리가 떠오를 것이다. 그러나 실제로는 그렇게 단순한 모양이 아니라 세균, 미세 조류, 동물 플랑크톤 등 다양한 생물이 복잡한 그물 모양의 '식물망'을 구성한다.

또 그중 바이러스가 끼어들어 영양분을 생산자에게 환원하는 리사이클 시스템이 있다고 추정된다[그림 13]. 즉 미세 조류가 바이러스에 의해 용해되면 세포의 내용물이 수중에 방출되어 가용성 유기 물질로써 미세 조류의 영양이 되는 것이다. 이것은 일정 크기 이상의 입자만 포식할 수 있는 동물 플랑크톤의 입장에서 보자면 귀중한 먹이가 없어지는 것과 같다. 어떤 계산에 따르면 바이러스에 의해 미세 조류 간에 리사이클이 거듭되는 영양분은 미세 조류 유래의 영양분의 37퍼센트나 된다고 한다.(14) 바이러스는 수중 생태계의 유기물을 배분할 때의 열쇠를 쥐고 있다. 만약 수중에 바이러스가 존재하지 않았다면 그 생태계는 완전히 다른 양상을 띠었을 것이다.

생태계뿐 아니라 기후 변동에 관해서도 바이러스가 관여한다는 지적도 있다.

태양광은 수심 약 200미터까지 도달한다. 이 유광층에서는 주로 미세 조류가 광합성에 의해 물과 이산화탄소를 유기물로 변환하고, 이산화탄소는 해수 중으로 들어간다. 그때 분해된 물에서 산소가 나온다. 해양의 탄소 순환으로 발생하는 산소의 양은 지구상의 약 3분의 2를 차지한다. 바이러스는 이산화탄소를 흡수하는 미세 조류를 사멸시키기 위한 활동이 탄소 순환에 영향을 미침으로써 온난화에 개입한다고 생각된다.

또 바이러스는 구름을 형성하는 데 영향을 줄 수도 있다. 미세 조류는 휘발성 유황 화합물 디메틸설파이드Dimethyl sulfide, DMS를 생성해 대기에 방출한다. 이 디메틸설파이드가 대기 중에 산화되면 친수성 에어로졸, 즉 수증기가 물로 응축하기 위한 핵이 된다. 이것이 구름 응결핵Cloud condensation nuclei이 되어 구름이 생긴다. 바다에서 나오는 디메틸설파이드의 양은 대기 중 디메틸설파이드의 약 30퍼센트를 점유한다. 바이러스는 디메틸설파이드를 많이 함유한 원석조나 다른 여러 가지 미생물에 감염해서 그 방출을 촉진한다. 따라서 바이러스 감염 결과, 대

기 중에 방출된 디메틸설파이드가 구름을 형성하는 데 영향을 미친다
고 본다.(14)

일반적으로 바이러스는 **제1장**에서 소개했듯이 대기 중에 자외선에
의해 곧바로 불활화된다. 그러나 해수 중에는 불활화된 바이러스가 되
살아나는 구조가 있다. 수중에서도 바이러스는 자외선에 의해 게놈
DNA가 손상을 입고 감염성을 잃거나 미세 조류의 세포 내에 존재하는
DNA 수복 기구에 따라 손상이 회복되어 되살아난다(또 **제1장**에서 소개한
다중 감염 재활성화는 자외선에 의해 다른 영역이 불활화된 여러 개의 바이러스가
같은 세포에 감염했을 때 '재집합'에 의해 손상된 부위가 바뀌는 것으로, 해수에 일

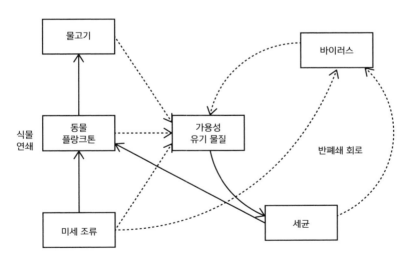

[그림 13] 수권의 탄소 순환

어나는 광재활성화와는 다른 시스템이다(15)). 이렇게 해서 태양광(자외선)이 도달하는 유기층에서도 바이러스는 활동을 계속할 수 있다.

전 세계의 해양 바이러스 탐사

20세기 말까지 해양 바이러스 연구는 전자 현미경으로 바이러스 입자를 검출하는 방법이나 일단 바이러스를 환경 속에서 분리 배양해 실험실에서 성질을 조사하는 방법이 주류를 이루었다. 21세기 초가 되자 새로운 염기 서열 해독 기술^{차세대 시퀀서, Next Generation Sequencer, NGS}에 의해 환경 속의 모든 유전자 배열을 읽는 메타게놈 해석을 할 수 있게 됐다. 이로써 해수에 존재하는 다양한 바이러스 게놈의 염기 서열을 바이러스마다 분리하지 않아도 한꺼번에 단시간에, 심지어 저렴하게 해석할 수 있게 되었다.

인간 게놈 프로젝트^{Human Genome Project}를 주도했던 크레이그 벤터는 자기가 가지고 있는 요트(마술사 2호)를 개조해 2004년부터 2년간 두 차례에 걸쳐 세계를 일주하며 해양에 있는 바이러스를 조사했다. 그 결과 대사와 세포 기능을 코딩하는 수백에서 수천 개의 바이러스 유전자 배열을 발견할 수 있었다.(16) 이것이 전 세계 규모의 첫 번째 해양 바이러스 조사다.

또한 2009년부터 3년간 '타라 해양 프로젝트'가 전 세계 해양 생태계를 조사했다. 이 프로젝트명은 조사선인 타라 호의 이름을 딴 것이다. 처음에는 몇몇 과학자만 참여했지만, 어느새 해양학, 미생물 생태학, 게놈 해석학, 분자 생물학, 세포 생물학 등 많은 분야의 전문가 100명이 참여한 거대 프로젝트가 되었다.(17) 그중 바이러스 게놈 연구는 미국 애리조나대학교University of Arizona 환경 바이러스학자 매튜 설리번이 주도했다. 이때 그는 신종 바이러스를 판정하는 새로운 기법을 개발하고 있었다. 유전자가 부분적으로 공통된 바이러스들의 DNA 유사성을 그래프로 나타내면 흐릿한 상이 아닌 명료한 덩어리가 되는 것을 보고 각각의 덩어리가 진화적으로 가까운 바이러스 집단이라는 것을 나타낸다고 판단하는 기법이었다.(18)

타라호가 2009년 11월부터 2011년 3월까지 조사한 해역은 북극해, 대서양, 태평양, 인도양, 남극해의 오대양과 홍해, 지중해, 아드리아해 등을 포함한 43곳에 달한다. 조사팀은 해면 아래 수 미터의 해수 20리터를 호스로 빨아들인 다음, 일단 눈이 큰 여과기로 여과했다. 그 뒤 여과기의 망을 좁혀 여과를 반복하다 마지막에는 구멍의 구경이 220나노미터인 세균 여과기를 이용했다. 설리번 연구팀은 바이러스가 함유된 이 여과액을 초원심 분리기로 농축한 뒤 DNA를 추출해 염기 서열을 해석했다.

그 결과 전부 1만 5천여 개의 바이러스 집단을 발견했고, 687개의 바이러스 그룹(속에 상당하는 집단)으로 나뉘었다. 그중 3분의 2는 알지 못하는 바이러스에서 유래했다. 다음으로 해양 전체에 널리 존재한다고 추정한 38개 바이러스 그룹에 관해 그것들의 감염 표적이 되는 숙주가 무엇인지를 추정했다. 앞서 말했듯이 바이러스에 감염된 세균의 DNA에는 크리스퍼 배열 속에 스페이서로, 바이러스 유전자의 흔적이 남아 있다. 따라서 바이러스 배열의 일부에 합치하는 크리스퍼를 가진 세균이 숙주일 가능성이 크다. 크리스퍼 배열을 조사한 결과, 해양 바이러스는 남조처럼 많이 존재하는 세균뿐 아니라 서식 개체 수가 한정적인 세균도 널리 감염시켰을 것이라고 추측했다.(19) (20)

설리번 연구팀은 이 프로젝트를 통해 세균 여과기를 통과하는 바이러스의 세상을 조사했다. 즉, 위와 같은 여과기를 조작하는 과정에서 여과기에 포착되는 거대 바이러스는 조사 대상 밖이었다. 그런데 거대 바이러스 연구자의 오가타 히로유키緖方 博之, 현 교토대학 화학 연구소는 여과기 막에 남은 시료에서 DNA를 추출해 메타게놈 해석을 했다. 그러자 수심 50미터까지의 표층 부분에서 1리터의 해수에 평균 4,500만 개의 거대 바이러스가 검출되었다. 그것 중 상당수는 미미바이러스과와 피코드나바이러스과였다.(21) 거대 바이러스는 해양 생태계의 일원으로 어떤 역할을 하고 있을까?

이 20년간의 연구로 그때까지 완전히 블랙박스였던 수권의 바이러스 세계를 엿볼 수 있었다. 바다는 지구의 70퍼센트 이상을 차지하고, 수심은 바이러스가 생식할 수 있는 크기가 육지보다 훨씬 크다. 바다의 바이러스는 지구상에서 가장 수가 많으며 가장 다양성이 풍부한 생물군이라 할 수 있다. 수권 바이러스학이 발전하면 할수록 수중의 바이러스와 생물 사이의 다이나믹한 상호 관계를 밝힐 수 있을 것이다.

유산균 파지 연구에서 탄생한 게놈 편집 기술

덴마크 식품 첨가제 업체 데니스코^{Danisco}의 주임 연구원 로돌프 바랑고는 유산균의 일종인 스트렙토코커스 써모필루스^{Streptococcus thermophilus,} ^{서모필루스균}의 유전자 구조를 조사하면서 크리스퍼라는 특별한 배열에 흥미를 갖게 되었다. 크리스퍼에는 DNA를 구성하는 4개의 염기(A, T, G, C) 수십 개가 만드는 회문 구조^{回文構造}◆ 배열이 반복되고, 그 반복 배열 사이에 스페이서라는 배열이 끼어 있다. 크리스퍼는 세균의 약 40퍼센트, 아키아의 약 90퍼센트에 존재한다.

서모필루스균은 치즈나 요구르트를 만들 때 쓰는 세균이지만, 종종 파지에 오염되어 사용할 수 없을 때가 있었다. 그래서 업체는 파지에 저항성을 나타내는 균주를 많이 개발했다. 바랑고는 이 저항성 포기와

◆ A : 아데닌, T : 티민, G : 구아닌, C : 사이토신.
  회문 구조는 분자 생물학에서 어느 방향에서나 같게 읽히는 자기 상보성 핵산 서열을 말한다.

원래 포기의 배열을 비교했을 때 저항성 포기에는 새로운 스페이서가 추가되었다는 것을 알아차렸다.

그 스페이서의 배열은 파지의 DNA 일부와 일치했고 과거에 세균에 파지가 감염했을 때 파지의 DNA 일부가 스페이서로써 세균의 염색체에 삽입되었다는 것을 알았다. 새로운 파지에 감염될 때마다 스페이서 수는 늘어났다. 이전에 세균에 감염된 적이 있는 파지가 다시 감염되면 스페이서의 배열과의 일치가 인식되어 크리스퍼 영역 근처에 존재하는 DNA 절단 효소가 동원되어 파지 DNA가 파괴된다.

가장 원시적인 생물인 세균에 이렇게 정교한 획득 면역 구조가 존재한다. 그들이 2007년에 발표한 논문은 큰 반향을 불러일으켰다.[22]

스웨덴 우메오대학교Umea University 에마뉘엘 마리아 샤르팡티에Emmanuelle Marie Charpentier와 미국 캘리포니아대학교 제니퍼 앤 다우드나Jennifer Anne Doudna 크리스퍼 영역에서 파지가 파괴되는 구조를 응용해 세균의 특정 영역을 파괴하는 게놈 편집 기술을 개발했다. 이것은 2012년 〈사이언스〉 지에 소개되었다. 표적 영역의 정보를 안내 RNA에 의해 크리스퍼의 근처에 존재하는 DNA 절단 효소 중 하나인 CAS9과 함께 세균에 주입한다. 이 방법으로 DNA가 노리는 곳을 핀포인트로 변형할 수 있게 되었다. 이 기법을 크리스퍼 CAS9라고 한다.[23]

지금은 안내 RNA를 발현하는 DNA 벡터와 CAS9을 발현하는 벡터가 시판되고 있으며, 게놈 편집하기가 쉬워졌다.

제9장
인간 사회에서 쫓겨난 바이러스들

.

.

천연두와 홍역은 인류 역사상 가장 큰 피해를 준 감염증이다.

천연두는 약 30퍼센트라는 높은 치사율을 보인 질병이지만, 근절될 수 있었다. 전 세계에서 천연두 근절 프로젝트가 진행되어 1980년, 세계 보건 기구는 천연두가 근절되었음을 선언했다.

홍역바이러스는 세계 보건 기구의 근절 프로젝트에 의해 많은 선진국에서 배제되었지만, 아직 완벽하게 근절된 것은 아니다. 홍역은 바이러스가 배제된 나라에서도 드물게 발생하는데, 그것은 홍역이 유행하는 지역에서 바이러스가 들어오기 때문이다.

이런 두 바이러스 감염증에 더해 인류사에 큰 영향을 미친 바이러스 감염증으로는 우역바이러스가 있다. 우역은 작물 농사할 때 꼭 필요한 소를 전멸시키고, 때로는 기아를 일으켜 세계사를 바꾸곤 했다. 또 우역도 2011년 국제 식량 농업 기구와 세계 동물 보건 기구에 의해 근절했다고 선언되었다.

천연두바이러스, 홍역바이러스, 우역바이러스 모두 인간 사회에서 태어난 바이러스다. 일반적으로 바이러스와 숙주의 공생은 수백만 년 또는 수천만 년간 이어진다. 그에 비하면 천연두바이러스와 홍역바이러스가 인간과 함께, 또 우역바이러스가 소와 함께 살아왔던 시기는 한순간에 지나지 않는다. 이런 바이러스는 인간 사회에 태어나 눈 깜짝할 새에 모습을 감추었다(또는 감추려 하고 있다)고 할 수 있다. 한편으로 천연두바이러스를 인공적으로 합성해 '부활'시키는 것이 기술적으로 가능해졌다. 이제부터 인간에게 희롱당하는 바이러스들을 살펴보자.

천연두바이러스의 기원을 둘러싼 수수께끼

천연두바이러스는 야생 동물 바이러스가 사람들 사이에서 퍼져 사람만 감염될 수 있게 진화했다. 약 1만 년 전, 인간이 포획 채집 생활에서 농사를 시작해 집단 생활하게 됐을 무렵으로 추정한다.

역사상 가장 오래된 천연두 환자는 기원전 1157년에 사망한 파라오 람세스 5세이다. 이집트Egypt의 카이로 박물관에 있는 미라의 얼굴, 목, 어깨 등에 콩알처럼 솟은 발진(작은 발진) 흔적이 있다는 것이 근거다. 그런데 최근 17세기 미라에서 분리한 천연두바이러스의 게놈을 해석한 결과, 천연두바이러스는 가장 최근에 나타났다는 견해가 나왔다. 천연두바이러스의 기원을 둘러싼 최근의 논의를 정리해 보자.

과학자들은 다양한 바이러스의 게놈을 비교해 천연두바이러스와 가까운 친척뻘인 바이러스를 여러 개 발견했다. 우두바이러스, 낙타폭스바이러스^{Camel poxvirus}, **타테라폭스바이러스**^{Tatera poxvirus}가 그것이다. 우두바이러스는 제너 덕에 잘 알려졌는데, 그 이름과는 달리 야생 설치류와 공존하고 소가 드물게 걸리는 바이러스였다. 낙타폭스바이러스는 이란 등 중동 지역에서 낙타에 치명적 감염을 일으킨다. 타테라폭스바이러스는 아프리카의 타테라속^屬 게르빌루스쥐에서 분리되었다. 이 바이러스들은 모두 발진이 특징이므로 '폭스바이러스'라고 부른다.

우두바이러스는 이런 바이러스 중에서도 가장 큰 게놈을 가졌다. 감염하는 동물 종도 설치류, 소, 인간, 원숭이 등 광범위하다. 이에 비해 천연두바이러스의 게놈은 가장 작고 인간에게만 감염한다. 그래서 천연두바이러스는 우두바이러스와 닮은 공통 선조 바이러스가 유전자 일부를 서서히 상실하면서 생겼다고 추정한다.(1)

계통수를 해석하자 이 바이러스들의 상세한 관계도가 밝혀졌다. 우두바이러스의 공통 선조 바이러스에서 약 1만 년 전에 먼저 우두바이러스가 갈렸고, 약 3천 년 전에 낙타폭스바이러스와 타테라폭스바이러스가 갈렸다. 그 얼마 뒤에 천연두바이러스가 갈렸다고 추정된다[그림

14].

이로써 천연두바이러스가 등장한 시기가 좁혀졌다. 그러면 출현 지역은 어디일까? 우두바이러스는 여러 숙주에 감염하므로 광범위하게 분포할 수 있다. 타테라폭스바이러스가 감염하는 것은 아프리카에 서식하는 게르빌루스쥐이고 낙타폭스바이러스가 감염하는 가축화된 낙타는 약 3500~4500년 전에 아프리카에 들어왔다. 3개의 바이러스 숙주가 공존하는 곳이 아프리카인 점을 고려하면, 천연두바이러스는 아프리카의 설치류가 보유하는 선조 바이러스에서 태어났다고 추측할 수 있다.(2)

그런데 2016년, 리투아니아Lithuania의 미라에서 분리한 천연두바이러스의 게놈을 조사한 결과, 천연두바이러스는 3000년 전이 아닌 최근에 생겼다는 주장이 나왔다.

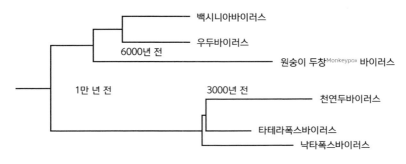

[그림 14] 천연두바이러스의 기원
(참고문헌 (1)을 근거로 작성)

리투아니아의 수도 빌뉴스^{Vilnius} 도미니칸 교회의 지하실에서 2~4세로 추정되고 성별이 불분명한 어린아이의 미라가 발견되었다. 리투아니아와 핀란드^{Finland} 연구팀은 미라의 조직 샘플을 채취해 캐나다의 맥매스터대학교^{McMaster University} 고대 DNA 센터로 보냈다. 이 아이는 방사성 탄소에 의해 1643~1665년에 사망했다고 추정되었다. 이 시기 유럽에는 천연두가 여러 번 발생했다고 한다. 이 미라에는 발진 흔적이 없었지만 DNA를 해석하자, 천연두바이러스의 유전자 조각이 검출되었다. 그 조각들을 이어 맞추니 천연두바이러스의 게놈이 구축되었다.

그때까지 1944년~1977년까지 분리된 40여 포기의 천연두바이러스 게놈이 해독되었다. 그리고 약 30년간이라는 짧은 기간에 일어난 변이에서 바이러스의 진화 속도가 추정되었다. 이 40포기에 새롭게 약 350년 전 미라의 바이러스 게놈이 추가되어 약 3백 년간이라는 10배의 주기로 바이러스의 변이 속도가 재조사 조사되었다. 그러자 변이는 더욱 빨라졌고 1년에 100만 염기 당 약 9염기 비율로 변이가 일어났다. 이 진화 속도에서 계산한 결과, 20세기에 분리된 천연두바이러스는 1588년~1645년 사이에 미라의 바이러스와 공통 선조인 바이러스에서 나뉘었다고 추정되었다.(3) 선조 바이러스가 언제쯤 인간에게 감염했는지에 관해서는 이 계통수로는 검토되지 않았다. 중세 이래 큰 피해를 입힌 천연두바이러스는 나타난 지 300년 만에 근절되었다.

또 파라오의 미라를 육안으로 관찰한 것과 리투아니아의 미라를 게 놈 해석한 것에서 바이러스의 출현 연대가 크게 차이가 나는 이유는, 파라오의 미라에 보인 발진 흔적이 천연두가 아닌 수두에 의한 것이기 때문일 수도 있다. 천연두와 수두는 옛날부터 종종 헷갈렸다. 수두바이러스는 생물의 진화와 함께 이어진 헤르페스바이러스이므로 인류가 등장했을 때부터 감염되었을 가능성도 있다.

또는 3천 년 전에 천연두바이러스가 생겼지만, 당시에는 인구가 적어서 갈 곳을 잃고 소멸했을지도 모른다. 파라오의 시대에 천연두바이러스가 태어났다고 해도 그것은 근절 표적이 된 천연두바이러스와는 별개였다는 뜻이다.

천연두 백신의 정체

천연두 백신은 최초의 바이러스를 발견하기 100년쯤 전, 에드워드 제너가 개발했다. 1768년, 제너는 젖을 짜는 사람이 우두에 걸리면 천연두에 걸리지 않는다는 말을 듣고 우두를 천연두 예방에 이용해야겠다고 생각했다. 그래서 그는 우두에 걸린 사람들이 천연두에 노출될 때의 상황을 자세하게 조사했다. 1780년, 그는 친구에게 '말발굽 병이 소에게 우두를 걸리게 하고, 이것이 젖을 짜는 사람들을 천연두에서 구해 주었다. 그는 이것을 인간들에게 이식하면 천연두를 완전히 근절할 수 있을지도 모른다'고 했다. 그가 말발굽 병이라고 부른 것은 그리스(마두)라는 화농 병변을 말했다. 이 병은 말 관절이나 뒤꿈치에 발진이 생겨서 화농한 뒤 부스럼이 생기고 낫는다. 그는 자연주의자이자 뛰어난 관찰력으로 우두는 그리스가 원인이고, 그리스를 치료한 손이 소에게 우두를 옮긴다고 판단했다.

1796년, 제너는 젖을 짜는 여성의 팔에 생긴 우두의 장액을 접종해 천연두를 예방할 수 있다는 것을 증명했다. 이것이 바로 최초의 종두다. 1840년에는 이탈리아 나폴리의 의사 주제페 네글리가 송아지의 피부에서의 천연두 백신 제조법을 개발했고(제1장), 19세기 말에는 세계 각지로 종두가 퍼졌다.(4)

20세기에 바이러스학이 시작된 지 얼마 되지 않아 천연두 백신에 함유된 바이러스는 우두바이러스가 아니라는 사실이 알려져 바이러스 연구자를 놀라게 했다. 이 바이러스는 백신이 되었다고 해서 백시니아바이러스라고 명명했다. 그러나 백시니아바이러스와 공존하는 진짜 숙주동물이 무엇인지는 밝혀지지 않았다.

백시니아바이러스의 기원은 오랫동안 수수께끼였다가 게놈 시대에 규명되었다. 백시니아바이러스는 세계 각국에서 오랫동안 대를 이어오면서 다양한 바이러스로 갈렸다. 한편 마두바이러스는 1976년에 몽골 Mongolia에서 처음으로 분리되었고, 2006년에는 게놈이 해독되었다.(5)

이 바이러스의 게놈을 비교한 결과, 마두바이러스는 백시니아바이러스 그룹 중 하나였다.(6) 또 2017년, 미국의 백신 제조업체는 1902년 제조한 천연두 백신을 발견한 후 그것에 들어 있는 바이러스의 게놈을 해석했다. 그것은 마두바이러스와 거의 같았다.(7)

즉 제너가 우두라고 말한 것은 소에 감염된 마두바이러스Horsepox virus 였다. 또 마두바이러스는 본래는 말의 바이러스가 아니라 우두바이러스처럼 설치류와 공존하는 바이러스라고 추정된다.

왜 다른 바이러스 유래의 백신이 효과를 발휘했을까? 그것은 백시니아바이러스의 게놈에는 천연두바이러스의 유전자가 모두 있기 때문이다. 그 결과 백시니아바이러스가 천연두를 예방하는 데 도움이 되었다. '말발굽 병이 천연두를 예방한다'는 제너의 관찰력과 통찰력이 뛰어났음을 게놈 과학이 입증한 셈이다.

'로테크'로 근절한 천연두

천연두바이러스는 사람만 걸린다. 감염된 사람 중 약 30퍼센트는 사망하지만, 회복한 뒤에는 강한 면역이 생겨서 재발하지 않는다. 즉 천연두바이러스는 아직 걸리지 않은 사람에게만 전파되었다. 또 천연두바이러스의 게놈 DNA는 변이가 늦기 때문에 한 유형의 백신만으로 예방할 수 있었다. 이런 특징에서 세계 보건 기구는 백신 접종을 확대하면 천연두바이러스는 전파할 곳을 잃어 죽을 것이라고 판단하고 1966년에 천연두 근절 프로젝트를 세웠다.

당시 선진국에서는 종두법 실시로 인해 천연두에 걸린 사람이 많지 않았다. 그러나 남아시아나 아프리카 등 열대 지역에서는 천연두가 계속 발생했기 때문에 다양한 기술 개발이 이루어졌다. 예를 들어 영국은 냉장 보존이나 운송 설비가 없는 지역을 대상으로 동결 건조한 백신을 개발했다. 일본에서도 국립 예방 위생 연구소(현 구립 감염 연구소), 기타사토 연구소(내가 참가), 일본 BCG 연구소 합동 팀이 내열성 백신을 개발했다. 이 백신은 네팔에서 있었던 근절 프로젝트에 쓰였다. 또 백신 자체는 제너의 시대부터 이어져 내려온 소를 이용해서 만든 전통적 백신이었다. 당시에는 세포 배양으로 백신을 제조할 수는 있었다. 그러나 세포 배양 백신은 소의 백신보다 효과가 떨어졌기 때문에 150년 이상 전의 고전적인 백신을 일부 개량한 것을 이용했다.

중요한 기술 개발은 백신 접종법이었다. 피부는 표피, 진피, 피하 조직의 3층으로 형성된다. 대부분의 백신은 피하 접종이므로 피하 조직에 주사하지만, 천연두 백신은 피내皮內. 피부 속 접종이므로 표피와 진피 사이에 주사한다. 그러므로 접종할 때 바늘이 너무 깊이 들어가지 않게 조심해야 한다. 기존에는 수술용 메스와 비슷한 종두 바늘로 위팔에 상처를 내서 백신을 피내에 스미게 했다. 그러다가 미국의 제약업체 와이스사가 끝이 두 개로 나뉜 바늘을 개발했다[그림 15]. 이우침(Y자형 기구)이라고 하는 이 바늘을 백신 액에 담그면 표면 장력 작용으로 일정량의 백신이 축적된다. 이우침으로 피부를 곧고 강하게 찌르는 것은 어려운 일이 아니다. 피내 접종은 쉽고도 확실하게 극히 소량의 백신 액으로 효과를 볼 수 있는 방법이었다[그림 16]. 이우침으로 똑바로 피부를 강하게 찌르는 단순한 동작만 익히면 된다. 비의료진도 오렌지나 포도로 10분 정도 찌르는 연습을 하면 종두할 수 있었다. 감염자가 발생하면 그 지역 보건 담당자가 이우침으로 그 지역과 주변에 백신을 접종해 감염 확산을 막으면 된다. 이런 방식을 '포위 백신 접종법'이라고 하는데, 불특정 대다수의 사람에게 백신을 접종하지 않으므로 소량의 백신으로도 해결할 수 있다는 것이 장점이었다. 또 발생 통보 제도를 시행해 발견자에게 보상금을 지급했다. 근절 선언이 될 무렵에 그 액수는 1,000달러(20만 엔)◆까지 줄어들었다.(4)

천연두의 근절을 받쳐준 것은 내열성 백신과 이우침이었다. 20세기 미생물학의 금자탑으로 꼽히는 이 위대한 업적은 첨단기술을 이용하지 않고 이루어졌다. 천연두 근절에 공을 세운 전문가들에게는 이우침을 가공한 넥타이핀 '이우침 훈장'이 보내졌다.

◆ | 1980년경의 환율로 계산함.

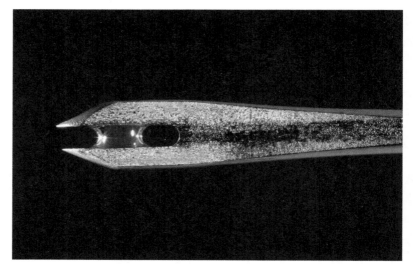

[그림 15] 이우침의 끝 부분
© James Gafany

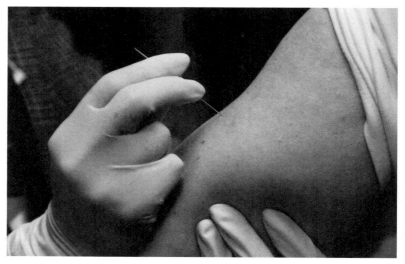

[그림 16] 이우침을 이용한 백신 접종
© James Gafany

182

'제2의 천연두 발생' 시나리오

천연두가 근절된 뒤, 이번에는 원두바이러스의 위험성이 고개를 들었다. 이 바이러스는 우두바이러스와 매우 가까운 관계이고, 이름과 달리 다람쥐 등의 설치류가 자연 숙주다. 원숭이는 어쩌다 감염되었을 뿐이다. 원두바이러스에 사람이 감염된 사례는 천연두 근절이 최종 단계를 앞두고 있었던 1970년대 초에 남아프리카와 중앙아프리카에서 어딘가 있을지도 모르는 천연두 환자를 찾을 때 발견되었다. 그 이후 인간은 콩고Congo, 중앙아프리카, 가봉Gabon, 라이베리아Liberia, 시에라리온Sierra Leone 등 삼림 지대에서 감염됐다.

감염 증상은 인간이 다람쥐나 원숭이에게 물리거나 그 혈액에 닿을 때 일어난다. 그 증상은 천연두와 흡사하고 10퍼센트라는 높은 치사율을 보인다. 특히 감염은 콩고에서 많이 발생했다. 2005~2007년, 세계 보건 기구가 삼림 지역에서 적극적인 조사를 했을 때는 760개(주민 1만 명당 약 6명)의 감염 사례가 보였다.(8) 그 발생 빈도는 무려 1980년대에 비해 20배에 달했다.

원두바이러스 감염자가 급증한 이유는 천연두 백신 때문이었다. 천연두 백신은 원두바이러스에도 예방 효과가 있지만, 1970년대에 종두가 중지되자 면역이 없는 사람이 늘었다. 그래서 원두의 감염이 증가했다. 2003년에는 콩고에서 감염자와 접촉한 2차 감염자가 입원해 병원에서 6대에 걸쳐 인간에서 인간으로 감염이 일어났다. 이 예는 어쩌다 병원 내에서 감염이 일어났기에 인간-인간 감염임이 밝혀졌다. 인간-인간 감염이 계속되면 바이러스 변이가 일어나 인간들에게 쉽게 퍼지게 되고 결국 '제2의 천연두'가 출현할 수 있다.(9)

원두는 인구가 과밀하고 교통망이 발달한 국가에서 잘 퍼진다. 그 조건에 부합하면 원두의 발생지에서 수천 킬로미터나 떨어진 지역이어도 바이러스가 유행할 수 있다. 2003년에는 미국 위스콘신주Wisconsin州에 사는 여성이 원두바이러스에 감염되었다. 감염원은 펫샵에서 데려온 프레리도그였다. 펫샵에는 서아프리카의 가나Ghana에서 수입한 6종류의 야생 설치류가 함께 사육되고 있었고, 그중 프레리도그가 먼저 감염된 후 다시 인간을 감염시켰다고 추측된다.

외국으로 수출한 야생 설치류가 원두바이러스를 가져오면, 인간뿐 아니라 그곳에 서식하는 설치류에게도 감염이 확산될 수 있다. 미국에 많이 서식하는 회색 다람쥐는 원두바이러스에 감수성이 있다. 이것들이 만약 원두바이러스 보유 동물이 되면, 인간에게 감염시킬 위험이 단숨에 커진다.(10) 종두를 중지한 지 30년 이상 지났으므로 면역을 가진 사람은 거의 없다. 또한 인간면역부전바이러스 감염자처럼 면역력이 저하된 사람이 늘어났다. 현대 사회는 원두바이러스로부터 천연두와 같은 병을 낳는 위험 요인이 잠재해 있다고 말할 수 있다.

'천연두바이러스의 인공 합성'이라는 악몽

1980년에 천연두 근절 선언을 했다. 하지만 천연두바이러스는 미국과 러시아 연구소에 보관되어 있다(16항). 이 바이러스는 모두 게놈 해석이 끝난 시점에서 폐기했어야만 했다. 그러나 '기초 연구에 필요하다'고 주장하는 연구자들과 테러리스트에 의한 도난이나 과실에 의한 바이러스 유출 위험성◆을 중시하는 공중위생 그룹의 대립과 국가 안전 보장이라는 정치적 배경이 얽히고설켜서 천연두바이러스는 지금도 폐기되지 않았다.

또 하나 우려하는 점이 있다. 천연두바이러스 게놈의 염기 서열은 전부 공개되었고, 게놈을 인공 합성하는 기술은 날로 진보하고 있다. 2015년, 세계 보건 기구 전문가 회의는 천연두바이러스를 합성하는 것이 기술적으로 가능하다는 결론을 내리고 천연두가 다시 발생할 위험은 사라지지 않는다고 보고했다.

세계 보건 기구는 어떤 연구 기관도 천연두바이러스 게놈의 20퍼센트 이상을 보유할 수 없게 했다. DNA 합성을 의뢰받은 회사는 정당한 이유가 없으면 천연두바이러스의 DNA 합성 주문을 거부해야 한다. 예를 들어 앞서 말한 리투아니아의 미라 유래의 천연두바이러스 게놈 연

◆   당시 사람들은 비밀리에 천연두바이러스를 입수한 이라크[IRAQ]가 바이오 테러를 계획하고 있다고 믿었다.

구는 세계 보건 기구 천연두바이러스 연구 자문 위원회에서 실험과 논문 발표를 승인받은 후 진행됐다.

그러나 이 세계 보건 기구의 규제에는 구멍이 있었다. 2016년 1월, 캐나다 앨버타대학교University of Alberta 바이러스학자인 데이비드 에번스 연구팀은 감염성이 있는 마두바이러스의 인공 합성을 〈플로스 원PLOS ONE〉지에 발표했다. 그들은 마두바이러스의 게놈 DNA를 10개의 조각으로 나눈 후 메일로 주문해서 합성하게 한 다음, DNA 조각을 이어 맞춰서 마두바이러스의 게놈을 구축했다. 합성 의뢰 대금은 약 10만 달러였다. 이 게놈 DNA는 감염성이 없으므로 그들은 헬퍼바이러스로 섬유종바이러스Shope fibroma virus, 토끼의 폭스바이러스를 감염시킨 세포에 게놈 DNA를 주입했다. 그러자 헬퍼바이러스의 효소에 의해 게놈 DNA가 재활성화 되어 감염성이 있는 마두바이러스가 세포에서 합성되었다.(11) 참고로 이 연구에서 이용한 것은 폭스바이러스로 알려진 재활성화 현상이다. 이것은 **제1장**에서 소개한 다중 감염 재활성화와는 다른 구조를 띤다.

천연두 재발을 우려하는 생체 보안 전문가가 보기에 이 논문은 청천벽력과 같았다.(12) 약 11만3천 염기쌍의 마두바이러스 게놈에는 약 16만 6천 염기쌍의 천연두바이러스 유전 정보가 들어 있다. 이 논문에 나오는 수순을 따르면 감염성이 있는 천연두바이러스를 합성할 수도 있다. 그래서 이 연구 논문은 〈사이언스〉 지와 〈네이처〉 지에서 게재를 거절당했지만, 결국 다른 과학 잡지에 게재했다.

에번스 팀은 이 연구 목적이 '바이오 테러 대책으로 중시되는 천연두 백신이 가진 부작용의 문제에 관해 제너 시대의 바이러스를 이용해 해결하는 것'이라고 밝혔다.

이것은 괴로운 변명이다. 동시에 저자들이 천연두 백신의 현상을 전혀 이해하지 못한다는 것을 고백하는 것과 다름없다. 이 논문이 인용하는 부작용은 2001년 동시다발 테러 직후에 바이오 테러를 두려워하며, 62만 명의 육군에게 제1세대 백신(소로 만든 것)을 긴급 접종했을 때 나타났다. 지금은 LC16m8 백신과 독일의 MVA백산 등 세포 배양으로 독성을 약화한 3세대 백신◆이 적어도 수억 명분 세계 각국에 비축되어 있다. LC16m8 백신은 2002~2005년간, 국립 연합 평화 유지군으로 파견된 일본의 자위대원 3,500여 명에 접종했는데 안전성에 관한 문제는 일어나지 않았다.(4) 그러므로 제너 시대의 바이러스를 출발점으로 하여 백신을 개발하겠다는 발상에는 과학적 근거가 전혀 없다고 할 수 있다.

〈플로스 원〉 지는 듀얼 유스(이중 용도)에 관한 내용을 위원회가 검토

◆ 2세대 백신은 세포 배양으로 제조한 백신이다.

한 결과, 안전한 백신 개발에 도움이 될 이익이 위험(risk)보다 커야 한다며 만장일치로 게재를 승인했다.

천연두 테러 목록과 천연두 백신의 현재 모습, 어느 하나도 정확하게 인식하지 못하는 상황에서 합성 생물이 연구자들 앞을 멋대로 걸어 다니는 모양새다.

〈네이처〉지는 2018년 8월 13일 자 논문에서 다음과 같이 지적했다. '미 국립 위생 연구소와 같은, 역사가 있고 잘 규제되는 연구소의 창고에서 천연두바이러스가 최근까지 남아 있었던 것을 생각하면(제1장), 구소련이나 비합법적 생물 병기 프로젝트를 추진했던 국가의 냉장고에도 바이러스가 남아 있을지 모른다. 또 북극의 툰드라가 녹아 천연두로 사망한 사람의 미라에서 천연두바이러스가 나타날 수도 있다. 가장 위험한 점은 합성 생물학이 발전했다는 것이다. 만약 합성 천연두바이러스가 자연계의 천연두바이러스보다 쉽게 확산되거나 치료 약에 저항하도록 생성된다면 매우 위험한 바이러스가 될 수도 있다'고 경고했다.(13)

'천연두 테러'라는 시나리오

세계 보건 기구의 천연두 근절 작전을 이끌었던 도널드 헨더슨은 천연두바이러스를 폐기해야 한다고 강하게 주장했다. 영국 BBC는 그가 기획한 〈대서양의 폭풍우〉라는 방송 프로그램을 제작했다. 테러리스트가 천연두바이러스를 손에 넣어 공항을 포함해 여기저기에 놓아둔다는 설정으로 올브라이트 매들린Albright Madeleine 전 국무 장관이 미국 대통령을 연기하고, 그로 할렘 브룬틀란Gro Harlem Brundtland 전 사무국장이 세계 보건 기구 사무국장을 연기했다. 다른 나라의 수상 역할도 여러 경험자가 출연했다.

이 방송은 2005년 1월 17일, 미국 워싱턴에서 환대서양 안전 보장 회의에 가맹국 수상과 세계 보건 기구 사무국장이 모였는데, 유럽 각국에서 천연두가 발생했다는 긴급 연락을 받는 장면에서 시작한다. 속속 들어오는 정보에서 국제적 위기에 처했음이 밝혀진다. 천연두 환자의 수는 계속 증가하며 이미 여러 나라에 확산된 상태였다.

수뇌들 간에 여러 논쟁이 오고 간다. 비축한 백신을 어떻게 사용해야 가장 효과적일까? 그것을 누가 결정할까? 각국 간 실시간 통신 수단은 있는가? 국경 폐쇄를 할 수 있는가? 세계 보건 기구에는 이 사태에 대처할 수 있는가? 또 이 사건을 대처할 만한 국제 조직은 있는가? 뜨거운 논쟁의 결과, 국제적 위기관리 체제가 갖추어져 있지 않다는 사실이 드러난다.(4)(14)

실제로 천연두 테러가 일어난다면 어떤 사태가 벌어질까? 1972년, 천연두 근절 선언을 하기 8년 전, 45년 동안 천연두가 발생하지 않았던

구 유고슬라비아Yugoslavia에서 갑자기 천연두가 발생한 사례를 살펴보자.

천연두를 들여온 사람은 성지 순례에서 돌아온 이슬람교도였다. 그는 코소보 마을로 돌아온 뒤, 피로, 오한, 발열 증상이 나타났지만, 여행에 지쳐 컨디션이 좋지 않은 줄로만 알았다. 그러다 3주 후 천연두 진단을 받았다. 그때까지 25개의 마을에서 140명의 환자가 발생했다. 독재 정권을 펼친 요시프 브로즈 티토Josip Broz Tito 대통령은 국가 비상사태를 선포하고 봉쇄 작전을 단행했다. 마을로 가는 도로가 폐쇄되고 수많은 호텔과 아파트에 있는 1만 명의 접촉자가 강제 격리되어 무장 병사에 의해 감시를 받았다. 전 국민을 대상으로 종두했다. 종두 바늘이 부족해서 펜촉이나 터치 펜까지 종두에 쓰였다. 3주간 총인구 2천만 명 중 1,800만 명이 종두를 받았다. 약 1개월 반 뒤 천연두는 175명의 사망자를 내고 유행은 종식되었다.(4)(15)

당시에는 아직 종두가 없었기 때문에 면역이 있는 사람들이 다수 남아 있었다. 각국의 기부로 백신을 확보하는 것은 어렵지 않았다. 천연두를 본 경험 있는 의사도 아직 남아 있었다. 더구나 독재 정권을 했기 때문에 인권을 무시한 봉쇄가 가능했다. 현재 이 조건은 지금도 충족되지 않는다.

천연두바이러스는 테러리스트에게 최고의 수단이라고 한다. 병원체를 여기저기 흩어서 보내는 테러는 당사자도 감염될 수 있다(부메랑 효과). 그러나 천연두바이러스에는 종두라는 뛰어난 예방 수단이 있으니 그런 걱정을 할 필요가 없다.♦ 테러리스트는 자기 스스로를 감염에서 지키고 조용히 바이러스를 합성·배양해서 배포할 수 있다. 천연두바이러스에 감염되어 증상을 알리면 열흘 이상 걸린다. 의사들이 천연두라고 진단하려면 거기서 며칠이 더 걸린다. 천연두바이러스는 인플루엔자바이러스보다 두 배 이상 강한 전파력이 있다. 만약 수십 년 만에 천연두 진단이 내려진다면 그때는 이미 전 세계에 바이러스가 퍼져서 〈대서양의 폭풍우〉 시나리오가 현실이 될 것이다.(16)

홍역바이러스는 소의 바이러스에서 생겼다

1954년, 존 엔더스가 홍역바이러스를 원숭이의 신장 세포에서 분리한 후 홍역바이러스에 관한 연구가 급속히 진전되었다. 그런데 신기하게도 홍역바이러스의 특성은 소의 급성 전염병을 일으키는 우역바이러스와 무척 흡사했다. 1980년대에 양 바이러스의 유전자 구조가 밝혀져 계통수를 만들어 보니 홍역바이러스는 우역바이러스에서 생긴 것으로 추정되었다. 예전부터 농사의 중요한 노동력이었던 소와 함께 생

♦ 나는 1960년대 초에 연구로 천연두바이러스의 실험을 도운 적이 있는데, 종두를 받았기 때문에 특별한 안전 대책은 강구하지 않았다.

191

활하면서 사람이 우연히 우역바이러스에 감염되었을 것이다. 그리고 가장 처음에는 소와 인간 사이에서 퍼진 것이 인간에게만 감염되는 홍역바이러스로 진화했다고 추정된다.

도호쿠대학의 오시타니 히토시押谷仁 연구팀은 두 바이러스 유전자의 차이와 변이 속도(진화 속도)를 근거로 들어 11세기에서 12세기 사이에 우역바이러스로부터 홍역바이러스가 분기했다고 추정했다.(17)

한편 홍역이라고 추측되는 병의 가장 오래된 기록은 중국에서 5백년 경에 출간된 의학 서적《주후방肘後方》(원저의 증보판)으로 보인다. 이 연대는 진화 속도로 추정한 연대의 오차 범위 안에 들어간다.

존속 전략은 '최강의 전파력'

8세기에 편찬된 일본 역사서《속 일본기》를 보면 '두창'이라는 병이 발생했다고 나온다. 같은 해 배포한〈태정관부太政官符〉에는 이 병을 아카모가사赤斑瘡, 홍역라고 생각했다. 규슈에서 발생해 수도에서 대유행을 일으키더니 급기야 하늘을 찌르는 권세를 뽐내던 후지와라 후히토藤原 不比의 아들 4형제가 이 병으로 사망했다. 이것이 일본의 홍역에 관한 최초의 기록이다. 아카모가사를 둘러싼 소설《화정火定》에서는 에볼라바이러스를 뛰어넘는 무지무시한 병이 수도 전체에 퍼진 정경을 묘사한다. 소설에서 이 역병은 일반적인 견해에 따라 천연두라고 설정했

다.◆ 그러나 소아 청소년과 의사이자 역사학자인 미쓰이 슌이치三井 駿一
연구팀은 이 병을 홍역이라고 결론을 내렸고, 나도 같은 견해를 표명했
다.(18)(19)

　홍역바이러스의 존속 전략은 그 뛰어난 전파력에 있다. 쉽게 확산되
는 다른 바이러스와 비교해 보면, 홍역 환자 한 명이 12~18명을 감염
시키고, 천연두바이러스는 6~7명, 인플루엔자바이러스는 2~3명을 감
염시킬 수 있다. 세상에 알려진 모든 바이러스 중 홍역바이러스는 최고
로 전파력이 강하다.

　홍역바이러스는 환자의 가래나 재채기의 비말과 함께 호흡기를 통해
감염된다. 접촉에 의한 감염도 생긴다. 비말의 수분이 날아가 직경 5마
이크로미터 이항의 입자(비말핵)가 되면 그 속에 포함된 바이러스는 공
기 중에서 두 시간 정도는 생존한다. 감염된 사람은 가장 처음에는 감
기와 비슷한 증상이 나타나고 며칠이 지나면 발진이 난다. 그 단계가
되어야만 홍역이라고 진단받는데 바이러스는 증상이 나타나기 전부터
배출되기 시작하므로 그 무렵에는 이미 여러 군데로 감염이 확산된다.
발진이 나타나 홍역이라고 진단받은 뒤에도 바이러스는 나흘 정도 계

◆　홍역과 천연두는 구별하기 어렵다. 이역병에 관해서는 메이지 시대 말에 의학사의 선구자인 후지카와
유富士川游가 제창한 천연두설이 일반적으로 받아들여졌다.

속 배출된다.

일반적으로 2~3주가 지나면 증상을 회복한다. 그러나 홍역바이러스는 인간면역부전바이러스와 마찬가지로 면역력을 저하시키므로 증상이 사라진 뒤에도 한 달간은 몸의 저항력이 약화되어 다른 세균이나 바이러스에 의해 감염되기 쉽다.

홍역의 무기인 전파력은 자객의 검과 같다. 홍역은 걸리면 평생 면역력이 생기기 때문에 다시 걸리지 않는다. 그래서 소규모 집단에서 홍역바이러스는 급속이 퍼졌다가 감염시킬 곳을 잃고 금방 소멸된다. 홍역바이러스가 지속하려면 아직 감염되지 않은 사람들이 계속 나타나야 한다. 즉, 인구 밀도가 높은 도시가 이에 해당한다. 홍역바이러스는 도시에서 새롭게 태어나는 아이를 잇달아 감염시켜 지속됐다. 홍역이 전 세계에 퍼진 것은 근세에 도시가 나타난 뒤라고 생각된다. 홍역바이러스가 존속할 수 있는 도시의 규모는 적어도 25만~50만 명 규모로 추정된다.[20]

홍역은 어른이 걸리는 병

우리는 홍역을 어린아이가 걸리는 병이라고 생각한다. 하지만 홍역은 강한 전파력 때문에 어릴 때 걸리는 일이 잦을 뿐이지 어른이라고 해서 걸리지 않는 것은 아니며, 면역이 없으면 어른도 걸릴 수 있다. 오히려 어른이 이 병에 강한 증상을 보인다.

어른들 사이에서 홍역이 유행했던 예로는, 처음 유럽에서 들어와 퍼지기 시작한 19세기 북미의 사례를 들 수 있다.

1861년에 시작한 남북 전쟁에서는 병사 사이에서 홍역이 유행해 큰 문제가 되었다. 당시 농촌 사회였던 미국에서는 대부분 병사가 시골 출신이었다. 고립된 농촌에는 홍역이 존재하지 않았으므로 많은 병사가 병영에서 홍역바이러스에 노출되어 큰 문제가 되었다.

당시에는 백신이 없었기 때문에 잔인한 수단을 쓸 수밖에 없었다. 신병은 먼저 신병 교육대에서 일정 기간 함께 생활해 홍역에 걸렸고 그중 살아남은 병사가 원군으로 파견됐다. 홍역에 걸려 사망할 확률은 5퍼센트, 합병증에 의한 사망률은 20퍼센트를 넘었다.(21) 영화 〈바람과 함께 사라지다〉에서는 스칼렛 오하라가 남편인 찰스 해밀턴이 전쟁에 나가기 전에 준비 기간 중인 교육대에서 홍역에 걸려 사망한 것을 알고 '용감하게 싸워서 꽃처럼 졌더라면 자랑이라도 할 텐데'라고 한탄하는 장면이 나온다.

남북 전쟁으로 사망한 병사 중 3분의 2는 감염증에 의한 것이었다고 한다. 당시 북군에서는 7만 6천 명 이상 홍역에 걸렸고, 그중 5천 명 이상 사망했다. 이렇게 큰 피해를 본 것은 농촌에서 홍역에 노출될 기회가 적었던 젊은이들이 집단생활을 했기 때문이었다. 그 후, 도시화가 진행되면서 어린 시절 홍역에 걸릴 기회가 많아져 면역력을 가진 사람이 성인이 되자 홍역은 소아병으로 변했다.(22)

선진국에서의 배제

홍역바이러스는 인간만 감염된다. 게다가 한 종류의 백신으로도 확실하게 예방할 수 있다. 그래서 천연두바이러스와 마찬가지로 백신을 보급하면 근절할 수 있는 병이라고 판단했다. 1990년, 국제 연맹 본부는 '어린이를 위한 세계 정상 회담'에서 홍역 백신 접종률을 2000년까지 90퍼센트로 높이겠다고 결정하고 홍역 근절을 목표로 세계 각국에서의 '배제' 목표를 세웠다.

여기서 말하는 '배제'란 백신 접종에 의해 국내에서는 병이 발생하지 않았지만, 해외에서는 발생이 계속되고 있어 계속 백신을 접종해야 하는 상태를 가리킨다. 모든 국가와 지역에서 배제가 달성해 백신 접종을 할 필요가 없어진 상태가 '근절'이다. 지금까지 근절에 성공한 것은 천연두와 우역뿐이다.

2000년에는 전 세계에서 54만 4천 명이 홍역으로 사망했지만, 배제 프로젝트가 진행됨에 따라 2013년의 사망자는 75퍼센트가 감소한 14만 6천 명, 2016년에는 9만 명으로 감소했다. 상당한 성과를 거둔 셈이지만 홍역은 조금만 방심하면 금방 퍼지는 질병이다. 또 특히 유럽 연합과 경제 협정을 맺은 30개국에서 2016년에는 사상 최저인 약 5천 명이 홍역에 걸렸지만, 2017년에는 1만 4천 명으로 급증했다. 홍역이 근절될 전망은 아직 불투명하다는 뜻이다.

왜 반세기 전의 백신이 효과가 있을까?

인플루엔자 유행을 예방하려면 변이를 거듭하는 바이러스에 맞춰 매년 새로운 백신을 제조해야 한다. 그와 대조적으로 홍역 배제 프로젝트에 쓰이는 백신은 반세기 이상 전에 분리된 바이러스의 독성을 약화시킨 것이 그대로 쓰인다. 천연두바이러스와는 달리 홍역바이러스는 인플루엔자바이러스와 마찬가지로 변이를 일으킨다. 그런데도 왜 홍역에는 같은 유형의 백신이 효과를 보이는 것일까?

규슈대학 야나기 유스케柳雄介와 국립 감염 연구소 다케다 마코토竹田誠의 공동 연구팀 연구 덕에 이 수수께끼가 풀렸다.

바이러스 감염은 세포 표면에 있는 수용체에 결합하는 것에서 시작한다. 바이러스와 수용체의 관계는 열쇠와 열쇠 구멍에 비유할 수 있다. 바이러스 입자 표면에 있는 세포 표면의 수용체와 결합하는 영역이 '열쇠', 세포 수용체가 '열쇠 구멍'이다. 열쇠와 열쇠 구멍이 맞으면 바이러스는 세포에 삽입해 감염이 발생한다. 이에 비해 백신에 의해 면역계가 생산하는 중화항체는 바이러스 입자 표면의 특정 부위와 결합해 바이러스가 세포에 감염하는 것을 막는다.

만약 바이러스의 변이가 중화항체와의 결합 부분에서 일어나면 백신에 의해 생산된 중화항체는 이 변이바이러스와 결합하지 못할 것이다. 즉 백신 효과가 없다. 공동 연구팀은 홍역바이러스의 경우 중화항체가 듣지 않는 변이바이러스는 세포 표면의 수용체에도 결합하지 못한다는 사실을 발견했다. 즉 백신 효과 없는 홍역바이러스는 나타나지만, 세포를 감염시킬 수 없으므로 증식할 수 없다. 결국 백신 효과 있는 홍역바이러스만 증식한다. 그러므로 홍역은 한 종류의 백신으로 배제할 수 있다.(23)

우역 - 사상 최악의 전염병

우역은 Rinderpest(소의 페스트)라고 불리며, 이름대로 페스트에 필적할 만한 영향을 세계사에 미쳤다. 예를 들어 지금으로부터 4천 년 전의 파피루스Papyrus에는 우역이라고 짐작되는 소의 병에 관해 기록되어 있다. 구약성서에는 유대인들이 이집트를 탈출한 원인 중 하나인 '제5의 재앙'으로 우역 발생을 시사하는 구절이 나온다.

우역바이러스는 홍역바이러스의 선조로 생각된다. 그 기원은 분명하지 않지만 최근 연구에 따르면, 박쥐에게 있는 바이러스였다고 추정된다.(24) 우역바이러스는 아시아에서 중동에 걸쳐 서식하는 야생종의 들소Aurochs가 약 1만 년 전에 가축화되어 집단 사육하게 된 것이 원인으로 나타났다. 박쥐에서 가축 소로 선조 바이러스가 감염되었고 가축 소 집단에서 퍼지면서 치명적인 우역바이러스로 진화했을 것이다.

우역바이러스는 많은 품종의 소에서 치사율 70퍼센트 이상이라는 엄청난 독성을 나타낸다. 그런데 헝가리Hungary에서 몽골에 이르는 고원 지대에서 사육되는 잿빛 소는 우역바이러스에 저항성이 있어 증상이 거의 나타나지 않고 몇 달에 걸쳐 바이러스를 지속해서 배출한다. 따라서 우역바이러스는 잿빛 소와 공존했다고 추측할 수 있다. 역사 속에서 기록이 남은 중세의 우역은 거의 중앙아시아를 기원으로 발생했다.

생물 병기의 우역이자 수의학 어머니로서의 우역

우역바이러스와 공존했던 잿빛 소는 바이러스의 보관고 기능을 했다. 1236년 이후 몽골 군대는 중앙아시아 초원에서 러시아를 통과해 동유럽을 침공했다. 그 뒤에도 몇 번에 걸쳐 몽골군은 침공을 반복하며 유라시아Eurasia. 유럽과 아시아를 묶어 부르는 이름 대륙에 영토 확장을 꾀했다. 그때 몽골의 군대는 물자 수송 수단과 식량으로 쓸 잿빛 소를 끌고 갔다. 호흡기로 증식하는 홍역바이러스와 달리 우역바이러스는 소의 창자 림프 조직에서 증식해 대변과 함께 바이러스가 배출되고, 그 변에 접촉한 소에게 감염이 확산된다. 잿빛 소는 지나가는 나라마다 우역바이러스를 뿌렸고, 농작할 때 중요한 노동력인 소를 전멸시켰기 때문에 결과적으로 상대 나라의 힘을 떨어뜨리는 역할을 했다. 그런 의미에서 잿빛 소는 몽골군의 생물 병기라고 할 수 있다.

또 1888년부터 1897년까지 아프리카 전역에 우역이 대유행했다. 아프리카 케냐Kenya에는 소에 의존하며 생활하는 유목민 마사이족Masai族이 우역으로 전의를 상실했다. 그 상황을 타고 영국의 식민지화가 진행되었다고 한다. 또, 서남아프리카에서도 같은 혼란이 일어나 독일에 의한 식민지화가 가속되었다.(25)

한편 우역은 수의학이라는 새로운 학문 분야를 낳았다. 1711년, 로마 교황 영지 근처에서 우역이 발생하자 클레멘트 11세 교황Clement XI Pope의 주치의로 활동한 의사 조반니 마리아 란치시Giovanni Maria Lancisi는 교황의 영지에 우역이 퍼지는 것을 막기 위해 병든 소를 살처분하는 등 최초로 강경한 대책을 시행했다. 이것이 현재 구제역과 조류 인플루엔자에서 시행하는 살처분 정책이다.

그 뒤 유럽 각지에서 퍼진 우역이 실마리가 되어 1761년 프랑스 리옹에 세계 최초의 수의학교가 세워지고, 수의사라는 직업이 생겼다. 18세기 유럽에서는 2억 마리의 소가 우역으로 사망했다.

아시아, 중동, 아프리카로 확대한 우역 박멸 프로젝트

전쟁이 끝난 뒤, 부산 가축 위생 연구소(전 수역 혈청 제조소) 직원이었던 김종희金鐘禧가 임시 소장으로 취임했다. 이듬해인 1946년, 그는 북한 임시 인민 위원회 농림 축산부 의뢰를 받고 나카무라 백신을 평양에 보냈는데, 북한에 협력했다는 혐의로 추방당했다. 훗날 그는 김일성 종합 대학 교수가 되었다.(26) 세계 동물 보건 기구 기록을 보면, 1948년에 북한에서 우역을 박멸◆했다고 한다.

같은 시기, 중국도 앞서 말한 몽골처럼 트럭을 이용해 실험실에서 나카무라 백신을 접종한 토끼의 백신이 현지에서 제공되어 접종했다. 이 현지 생산에 의한 백신 접종은 중화민국 국민 정부가 인민 해방군에게 패배해 타이완의 수도인 타이베이로 옮긴 1949년까지 계속되었다.(27)

한편 만주에는 펑텐수역연구소가 나카무라 백신을 이용해 몽골 국경에 면역 지대를 구축하려 했다. 전쟁이 끝나자 모든 연구원이 귀국했지만, 우지에 야스하치氏家八良 등 몇 명의 전문가는 인민 해방군의 의뢰를 받고 그곳에 남아 새로 설립한 동북 수의과학 연구소에서 연구를 계속했다. 그들은 구하기 힘든 토끼 대신 양에게 나카무라 백신을 순화시켰다. 이 연구는 신중국 제1회 과학상 중 하나로 선정되었으며, 중국의 우

◆ 　홍역은 '배제'에 해당하지만 가축 전염병에는 배제라는 용어를 쓰지 않으므로 이 책에서는 '박멸'이라는 용어를 써서 구분했다.

역은 이 백신으로 박멸됐다. 이 연구소는 현재 농업 과학원 하얼빈 수의 연구소로 바뀌었다.(25)

1948년, 케냐 나이로비에서 우역에 관한 국제 식량 농업 기구 회의가 열렸다. 패전국인 일본은 참가하지 못했지만, 중국 대표가 나카무라 백신을 소개해 처음으로 세계에 그 효용성을 인지시켰다. 국제 식량 농업 기구는 아시아, 중동, 아프리카 각국에 나카무라 백신을 배포했다. 아프리카는 원래 에드워드 백신을 이용했지만, 나카무라 백신으로 대체했다. 나카무라 백신의 부작용이 적었기 때문이다.

한편 일본으로 돌아와 생물 과학 연구소를 설립한 나카무라는 토끼의 백신을 닭의 배아에 순화시켜 독성을 더욱 낮추었고, 면역 혈청 없이 단독으로 사용할 수 있는 백신을 개발했다. 아시아와 중동의 주요국은 토끼의 백신과 닭 배아의 백신으로 우역을 박멸하는 데 성공해 마침내 청정 국가가 되었다.

최신 바이러스학으로 바이러스를 추적하다

병원病原 바이러스 중 박멸에 성공한 것은 우역과 천연두뿐이다. 인간에게만 감염하는 천연두와 달리 우역은 소 이외의 야생 동물도 숙주로 삼는다. 그러므로 우역을 박멸하기 위해서는 우수한 백신뿐 아니라 바이러스의 감염원을 추정하는 기술이 필요했다.

1960년대 중반, 나는 국립 예방 위생 연구소에 신설한 홍역바이러스 부에서 홍역 발병 구조를 파악하기 위해 원숭이에 홍역바이러스를 접종하는 실험을 했다. 하지만 원숭이는 발병하지 않았다. 그래서 홍역바이러스와 같은 무리이고 토끼를 이용해 치명적 감염을 일으킬 수 있는 우역바이러스를 다루기로 했다. 나는 나카무라 준지에게 백신 바이러스를 받았다. 당시에는 토끼나 소의 신장 배양 세포로 우역바이러스를 만들었으므로 실험을 할 때마다 소의 신장을 식육 처리장까지 가져가야 했다. 그래서 시험 삼아 신장 세포(Vero 세포)◆에 나카무라 백신을 접종했더니 무척 활발하게 증식했다. 이로써 소의 신장에 의존하지 않고 배양 세포만으로 우역바이러스를 실험할 수 있게 되었다. 이 성과로 우역바이러스 연구는 급속히 발전했다.

그 무렵 영국의 월터 프로라이트가 소의 신장 세포에서 이식해 독성을 약화시킨 생백신을 만들었고, 아프리카, 서아시아, 남아시아에서는 이 방법으로 독자적인 우역 박멸 프로젝트를 진행했다. 1994년, 국제 식량 농업 기구는 이러한 우역 박멸 작전을 집대성하여 세계적 우역 근절 프로젝트를 발족했다. 소의 신장 세포로 만든 프로라이트 백신은 품질이 균질하지 않았고 소에게서 온 다른 바이러스가 섞일 우려가 있

◆ | 지바대학의 야스무라 요시히로야스무라히로 박사가 폴리오바이러스 연구용으로 아프리카 녹색 원숭이의 신장으로 만든 세포줄기. 그는 이것을 에스페란토어로 '녹색'을 나타내는 Verda와 '신장'을 나타내는 Reno를 조합해 Vero라고 명명했다. 이 이름에는 에스페란토어로 '진리'라는 뜻도 있다.

었다. 연구진은 베로 세로로 백신을 제조하게 되었고, 안정적인 품질로 역가(적정 농도)도 100배 이상 높은 백신을 공급할 수 있었다.(25)

우역바이러스는 소뿐 아니라 기린, 멧돼지, 영양, 대형 영양이나 들소 등 많은 야생 동물에도 감염된다. 아프리카에서 8천만 마리가 넘는 소에게 백신을 접종해 우역바이러스가 일단은 박멸되었다고 판단해 기념 우편까지 발행했다. 그러나 백신을 접종할 수 없는 야생 동물에 남아 있던 바이러스 때문에 다시 우역이 퍼졌다.

조금이라도 바이러스를 가진 개체가 남아 있으면 결국 면역이 없는 개체에 감염이 확산된다. 백신에만 의존하는 기존 전략으로는 미흡하다는 것이 드러났으므로 세계 동물 보건 기구의 전문가 회의가 우역 프리를 확인하는 수순을 자세히 규정했다. 또한, 세계 동물 보건 기구는 구제역이나 BSE^{Bovine Spongiform Encephalopathy.(만점) 소 해면상 뇌증(광우병) - 옮긴이 주}에 관해서도 가축 전염병 청정 국가인지 확인하고 있다.

우역을 박멸하려면 바이러스가 자연계의 어디에 남아 있는지 추정하는 기술이 필요했다. 영국 동물 위생 연구소의 토머스 배럿^{Thomas Barrett}은 유전자 해석을 이용해 세계 각지에서 분리된 우역바이러스를 아시아 계열, 아프리카 제1 계열, 아프리카 제2 계열로 분류했다. 이제 우역이 발생했을 때 바이러스가 어디에서 유입되었는지 조사하면 남은 바이러스의 소재를 추정할 수 있었다. 한편 같은 연구소의 J. 앤더슨은 야외에서 사용할 수 있는 신속 항체 측정법을 개발했다. 이로써 야생 동물의 눈물을 채취해 10분 뒤에는 항체를 검출할 수 있게 되었다. 이 기술은 가축뿐 아니라 야생 동물도 표적으로 한 근절 작전을 성공시키는 강력한 무기가 되었다.

소의 우역은 완전히 없어졌고 야생 동물에서 발생한 우역바이러스도 2001년 9월 케냐 국립 공원 들소에서 발견한 것이 마지막이었다. 그로부터 10년간 계속 조사했지만 우역이 발견되지 않았으므로 2011년, 국제 식량 농업 기구와 세계 동물 보건 기구는 우역 근절을 선언했다. 천연두는 마지막 환자가 발생한 지 3년 뒤에 근절 선언이 이루어졌지만 우역 근절은 10년이라는 긴 세월이 걸렸다. 마지막으로 걸린 것이 야생동물이었기 때문이다.

우역은 천연두와 대조적으로 20세기 중반 반세기에 걸친 백신 개발과 바이러스학의 발전에 의해 사라졌다고 할 수 있다.

천연두, 홍역, 우역과 같은 강한 전파력과 치사율이 특징인 병을 일으키는 바이러스는 숙주 생물이 고밀도로 모여 있는 환경이 아니면 살아남지 못한다. 그런 의미에서 이 병들은 도시화와 축산업 발전으로 방향 전환을 한 인류의 숙명적인 질병이라고 할 수 있다. 인구는 계속 증가할 것이므로 독성이 강한 병원 바이러스가 나타날 위험성은 더욱 커질 것이다.

자연사 연구자로서의 제너

18세기 유럽에서는 자연계의 동물, 식물, 광물 등을 다양한 관점에서 기술하는 자연사Natural History, 박물학이라고도 함 연구가 한창이었다. 또 1735년에 스웨덴의 식물학자 칼 폰 린네Carl von Linné가 출간한《자연의 체계Systema Naturae》에서 그때까지 길게 기재했던 생물 이름을 2개의 단어로 나타내는 이 분류법이 제창되면서 대전환기를 맞았다. 제너는 자연사가 생물학으로 발전하던 바로 그 시대에 살았다.

외과 의사 존 헌터는 그 시대를 대표하는 자연사 연구자Naturalist이자 제너의 은사로도 유명하다. 제너는 그에게 의학뿐 아니라 자연사에 관해 많은 것을 배웠고 함께 연구했다.

그 성과 중 하나로 캡틴 쿡으로 불린 영국 탐험가 제임스 쿡James Cook의 엔데버호가 갖고 돌아온 식물 분류가 있다. 1771년, 엔데버호가 3년간의 첫 번째 항해에서 귀국했을 때 동행한 식물학자인 조지프 뱅크스Joseph Banks◆는 여러 귀중한 표본을 갖고 돌아왔다. 이 표본은 헌터의 권유로 제너에게 보내 린네의 분류법에 따라 정리되었다. 그 성과가 매우 뛰어나서 제너는 다음 항해에 자연사 연구자로 참가하라는 요청을 받았다. 그는 그 제안을 거절했지만, 평생 뱅크스와 교류했다.

자연사 연구자로서 제너의 가장 유명한 성과는 뻐꾸기가 알을 낳는 습성을 밝힌 것이다. 당시 뻐꾸기는 자기가 낳은 알을 유럽바위종다리 Prunella modularis, 바위종다리의 일종, 백할미새, 발종다리, 노랑멧새 등의 여러 새가 키우게 했고, 그 사실은 이미 알려져 있었다. 아리스토텔레스는 기원전 4세기에 뻐꾸기의 생태를 기록했다. 그때까지만 해도 사람들은 뻐꾸기가 자기보다 작은 새의 알을 먹고 자기 알을 키우게 한다는 설이나 뻐꾸기의 위 형태가 다른 새와 달라서 알을 키울 수 없다는 설을 믿었다.

제너는 뻐꾸기를 해부해 위의 형태에는 이상이 없음을 확인했다. 그는 뻐꾸기가 알을 낳아서 방치한 유럽바위종다리의 둥지를 관찰하기 쉽게 둥지의 가장자리 쪽으로 알을 옮겨 알이 부화하기까지의 모습을 상세하게 살펴보았다. 그리고 둥지 속의 뻐꾸기가 알에서 나오자마자 유럽바위종다리의 새끼 새나 알을 둥지 밖으로 밀어버리는 것을 확인했다. 새끼 뻐꾸기를 해부해 보니, 날개 사이에 경사가 있어 이물질을 들어올리기 쉬운 형태를 띠고 있었다.

바위종다리의 새끼를 내쫓고 둥지를 점령하는 것은 새끼 뻐꾸기라는 사실은 조류의 탁란托卵 행위를 처음으로 알아차린 획기적인 발견이었지만, 자연사 연구자들은 좀처럼 이 사실을 받아들이지 않았다. 1921

◆ (183항) 그는 41년 동안 영국 왕립 협회 회장을 맡았다. 왕립 식물원(큐가든)은 그가 원장을 하던 시기에 확장했다.

년, 영상이 촬영되고 나서야 제너의 결론이 옳았다는 것이 입증되었다.

1788년, 헌터는 영국 왕립 협회에서 바위종다리의 탁란에 관한 논문을 발표했다. 이듬해 제너는 왕립 협회 회원으로, 1798년에는 린네 협회 회원으로 선출되었다. 자연사 연구자로의 다양한 업적을 인정받은 것이다.(4) 하지만 말할 것도 없이 자연사 연구자로서 제너의 가장 큰 업적은 '종두 개발'이다.

암세포를 홍역바이러스로 용해하다

홍역 백신은 독성을 약화시킨 바이러스를 이용한 것으로, 반세기 동안 전 세계 아이들에게 접종되었다. 이 약독의 홍역바이러스가 감염한 세포를 파괴하는 능력을 이용한 새로운 암 치료법이 개발되었다.

홍역바이러스로 암을 치료할 가능성에 대해서는 1971년에 이미 깨닫게 되었다. 이탈리아에는 임파성 백혈병 치료를 받고 있던 두 환자가 홍역에 걸리자 증상이 호전됐고, 완치된 지 약 4~5년 뒤에도 생존했다.(28) 또 폴란드에서도 호지킨림프종Hodgkin lymphoma에 걸린 세 명의 아이가 홍역에 걸린 뒤 증상이 호전된 일이 잇달아 관찰되었다.(29)

1991년, 유전자를 개변해 암세포를 용해하는 헤르페스바이러스를 제조해 바이러스를 이용한 암 치료 가능성이 보였다. 그렇다고 해서 바로 홍역바이러스로 암을 치료할 수 있게 된 것은 아니다. 헤르페스바이러스의 유전자는 DNA의 소관이므로 변형 DNA 기술로 쉽게 바꿀 수 있지만, 홍역바이러스의 유전자는 RNA의 소관이다. 그러므로 '일단 상보적 DNA에 전사하여 유전자를 변형하고, 이 DNA를 다시 RNA로 전사한 후 감염성이 있는 바이러스를 회수한다'는 복잡한 순서를 거쳐야 한다. 역유전학Reverse Genetics◆이라는 기술을 고안해 암 치료용 홍역바이러스를 개발한 것은 21세기에 들어서였다.

도쿄대학 의과학 연구소의 가이 치에코甲斐 知恵子 박사는 유방암을 비롯해 폐암, 대장암, 췌장암 등을 표적으로 한 암 용해성 홍역바이러스를 개발해 임상 시험을 목표로 연구 중이다.(30) 미국 미네소타주Minne-sota州에 있는 메이오클리닉Mayo Clinic의 스티븐 러셀 연구팀은 다발성골수종과 난소암에 관해 임상 시험을 시작했다.(31) 큰 피해를 일으킨 홍역바이러스가 '독으로 독을 제거한다'는 발상에 기초해 새로운 암 치료법으로 탈바꿈하려 하고 있다.

빛을 보지 못한 조작 우역 백신

1980년대 초, 내가 도쿄대학 의과학 연구소에서 우역바이러스 유전자를 해석했을 때, 국제 식량 농업 기구에 의한 우역 근절 계획이 진행

◆ 　기존 유전학은 생물의 표현형에서 어떤 유전자가 관여하는지 특정한다. 이에 비해 역유전학은 특정 유전자를 도입해 표현형이 어떻게 변하는지 조사한다. 이 명칭은 RNA 바이러스의 유전자 변형 기술에도 쓰인다.

되었다. 주요 발생 지역은 아프리카, 인도, 파키스탄이다. 이 지역들은 천연두 근절 계획의 마지막 표적이었다. 또 이곳은 냉장 보관과 수송 시스템이 미흡해서 내열성 천연두 백신이 위력을 발휘했던 곳이기도 하다.

같은 시기, 천연두 백신^{백시니아바이러스}에 외래 유전자를 주입한 벡터 백신 기술이 개발되었다. 다행히 일본에는 하시즈메 소^{橋爪壮}가 개발한 3세대 약독백신이 있었다. 그래서 나는 스기모토 마사노부^{杉本 正信, 국립 예방 위생 연구소 근무할 때 동료였음}, 고하라 교코^{小原恭子, 현 가고시마대학}와 공동으로 1985년부터 우역바이러스의 외피 유전자를 백시니아백신에 주입하는 우역 백신 개발에 착수했다. 완성된 백신은 45도에서 1개월간 보존할 수 있는 높은 내열성을 보였고 토끼를 대상으로 실험하자 치사적 감염에 대해 방어 효과를 발휘했다.

또 이 백신은 외피 단백질에 대한 항체만 생산하기 때문에 바이러스 입자의 내부 단백질에 대한 항체가 생산되는 자연 감염과 구별할 수 있었다. 그러므로 근절 작전의 최종 단계에서 더 이상 질병이 발생하지 않게 된 뒤에도 마커 백신(**제11장 참조**)으로 사용할 수 있다는 이점이 있었다. 1988년, 국제 식량 농업 기구의 남아시아 우역 박멸 작전 회의에서 이 조작 우역 백신의 성과를 발표하자 좌장인 인도 수의학 연구소장 P.N. 버트가 흥미를 보이며 그에게 공동 연구를 제안했다.

19세기에 영국이 설립한 이 연구소는 소에 대한 우역 실험에 관해 가장 풍부한 실적을 갖고 있었다. 조작 백신의 접종 실험은 만족스러웠다. 종두의 피부 병변 이외에 다른 부작용도 없었고 강독인 우역바이러스의 공격을 받아도 끄덕하지 않았다.

당시 캘리포니아대학교 틸한 일마Tilhan Yilma와 영국 동물 위생 연구소의 토마스 배럿도 조작 우역 백신을 개발하고 있었다. 1989년, 세계 동물 보건 기구는 전문가들을 소집해 3개의 백신을 비교·검토했다. 그 결과 우리가 만든 백신만 야외에서 사용해도 안전하다고 인정했다.

배럿은 우리에게 협조하기로 했다. 세계 동물 보건 기구 우역 레퍼런스 센터로 지정된 그의 연구소에는 우역과 구제역을 위한 격리 실험실이 있었다. 우리는 그곳에서 소에 대한 효과를 자세하게 조사할 수 있었다. 1995년에는 1회 백신을 접종한 3년 뒤에 강독 백신을 접종해도 발병하지 않고 장기간 면역력이 지속한다는 것이 확인되었다. 이제 야외에 사는 소에게 실제로 접종하면 되었다.

우역의 피해에 골치를 썩이던 인도 수의학 연구소와 케냐 국립 농업 연구소에게 야외 실험을 신청하겠다는 제안이 왔다. 그런데 일본에는 개발 도상국과 대등한 관계에서 시행하는 야외 실험에 대한 자금 원조 시스템이 없어, 일본 국제 협력 기구JICA의 기술 이전 예산을 신청했다. 이 경우 현지 정부에서 정식으로 일본의 외무성에 신청해야 한다. 내

협조를 받고 두 연구소는 신청 서류를 작성했지만, 외교 루트를 통해 신청한다는 것 자체가 현지 연구자들에게는 감당하기 어려운 업무였다. 그래서 신청 서류는 일본 정부에 제출할 수 없었고, 결국 백신이 빛을 보는 날이 오지 않았다.(25)

제10장
인간의 몸속에 사는 바이러스들

·

·

많은 바이러스는 외부에서 들어와 숙주를 감염시키고 짧은 시간에 증식해 병을 일으킨다. 그리고 대부분은 결국 체외로 쫓겨난다. 체외에 나온 바이러스는 거의 죽음을 맞이하고 그중 일부만 다음 숙주를 다시 감염시킨다. 반면 우리 몸속에 조용히 감염해서 그대로 잠복하는 바이러스도 있다.

이 바이러스는 때때로 체내에서 증식해 병을 일으키지만, 보통은 아무 증상 없이 공존한다. 최근 이런 바이러스가 많이 존재한다는 것이 밝혀졌다. 대부분 여전히 정체를 알 수 없지만, 일부는 잠복하는 것만은 아닐 수도 있다. 예를 들어 바이러스가 원인이라고 생각하지 못했던 암 등의 병을 일으키는 바이러스나 반대로 인간이 건강을 유지하도록 돕는 바이러스가 있을 수도 있다.

이 바이러스는 심각한 증상을 일으키며 감염을 확산하는 천연두바이러스나 홍역바이러스에 비해 무척 현명하게 생존한다. '바이러스'라고 하면 병을 일으키는 물질이라고만 생각하기 쉽지만, 사실 모든 바이러스는 자기만의 방식으로 생존하다가 기회가 있으면 증식하는 것뿐이다. 숙주가 병에 걸리는 것은 그 과정에서 일어나는 지엽적인 문제다. 조용한 바이러스들은 우리에게 그 점을 일깨워주는 존재라고 할 수 있다. 이제부터 우리 몸에 숨어 있는 바이러스의 세계를 살펴보자.

재발하는 단순 헤르페스바이러스

체내에 잠복하는 바이러스 중 단순 헤르페스바이러스가 있다. 이 바이러스는 두 가지 유형으로 나뉜다. 입 주위에 타는 듯한 통증을 수반하고 작은 물집이 생기는 헤르페스는 신경에 잠복한 1형 단순 헤르페스바이러스가 원인이다. '열꽃' 또는 '감기의 꽃'이라는 별명으로 불리며 감기에 걸려 열이 나면서 생기는 경우가 많다.

물집 속에는 많은 바이러스가 들어 있으며 컵을 같이 사용하거나 키스하면 바이러스가 옮는다. 즉 직접 또는 간접적인 접촉으로 감염이 확산된다. 이 바이러스는 전 세계 대부분의 인간이 감염되어 있다.

한편 2형 단순 헤르페스바이러스는 성행위를 할 때 점막을 통해 감염하여 국소에 궤양이 생긴다. 이것은 '성기 헤르페스'라고 불리며 일본에서는 성기 클라미디아감염증 다음으로 많은 성 감염증이다(2017년 일본 후생 노동성 통계). 일본에서는 전체 인구의 약 10퍼센트, 서양에서는 약 20퍼센트가 감염되었다.

우리는 어떤 증상이 있을 때 바이러스에 감염되었다고 생각하기 쉬운데, 헤르페스는 원래 조용히 숨어 있던 바이러스가 어떤 계기로 활동을 시작하면서 그 증상이 나타난다. 1형 바이러스는 대부분 어릴 적에 감염된다. 하지만 어릴 때는 비교적 증상이 가벼워서 알아차리지 못할 때가 많다. 증식한 헤르페스바이러스는 신경 섬유를 통해 신경 세포로 이동해 측두부에 있는 삼차 신경절(신경 다발 조직. 눈 신경, 위턱 신경, 아래턱 신경으로 나뉜다)에 달라붙는다. 거기서 바이러스는 증식하지 않는다.

신경 세포 중에는 바이러스 DNA가 조용히 있기 때문에 바이러스 단백질이 생성되지 않는다. 하지만 자외선, 스트레스, 월경, 호르몬 이상 등의 자극이 가해지면 바이러스 단백질이 생성하고 바이러스가 증식한다. 그리고 삼차 신경을 통해 상피 세포로 이동한 후 그곳에서 물집을 형성한다. 바로 이것이 헤르페스 재발이며 가장 흔한 것은 입술 점막에서 바이러스가 증식해 생긴 구순헤르페스다. 바이러스가 눈 신경으로 이동해 각막 헤르페스를 일으키거나 뇌에 도달해 헤르페스 뇌염을 일으키기도 한다.

2형 바이러스는 감염 뒤 요추의 가장 아래쪽에 있는 천골의 신경절로 들어가 1형 바이러스처럼 잠복한다. 그리고 스트레스, 자외선 등의 자극을 받으면 잠들어 있던 바이러스가 깨어나 증식하고, 성기 점막에 궤양이 재발한다.

단순 헤르페스바이러스는 언제, 어떻게 인간의 몸속에 잠복하게 되었을까? 앞에서도 말했듯이 헤르페스바이러스는 수억 년 전부터 생물과 함께 진화했다. 그러다가 어느 날, 침팬지에서 인간으로 옮겨왔다고 추정된다. 그러나 침팬지의 단순 헤르페스바이러스는 하나의 유형밖에 보이지 않으므로 1형과 2형 바이러스가 어떻게 생겼는지 예전부터 의문점으로 남아 있었다.

바이러스의 게놈을 비교해 추정된 계통수에 의하면, 약 7백만 년 전에 인간 과科의 인간 아족亞族과 침팬지 아족이 공통 선조에서 갈렸을 무렵, 초기 인간에는 1형만 존재했던 것 같다. 2형은 3백만~140만 년 전, 침팬지 아족에서 현생 인류 호모사피엔스Homo sapiens의 선조로 옮겨왔다고 추정된다.(1)

2형의 침입은 어떤 상황에서 일어났을까? 2017년, 아프리카 열대 우림에서 발견된 300만 년 전 인간과의 화석 분포를 고고학적으로 해석한 결과, 먼저 인간 아족의 일종이면서 인간 속과는 다른 계통인 파란트로푸스Paranthropus, 플라이스토세 전기에 주로 아프리카에서 생존했던 화석 인류 - 옮긴이 주가 침팬지로부터 2형 바이러스에 감염되었고 그것이 호모사피엔스의 선조(아마 호모에렉투스*Homo erectus*)로 전해졌다는 가설이 제창되었다. 즉 2형 바이러스는 현재의 침팬지 선조에서 파란트로푸스를 매개체로 인간의 선조에 감염했다는 시나리오다.(2)

그때 인간의 선조는 이미 1형 바이러스에 감염된 상태였다. 먼저 눌러앉은 존재가 있었기 때문에 2형 바이러스는 성기에 거주지를 마련한 게 아닐까 하고 생각한다.

잠복하는 수두바이러스가 대상 포진을 일으킨다

수두는 '수포창'이라는 별칭에서 알 수 있듯이 전신에 천연두(포창)와 비슷한 심한 발진이 나타나는 바이러스 감염증이다.

수두바이러스◆는 감염하면 먼저 수포창을 일으킨다. 수두의 병변이 몸 전체에 나타나는 것을 보면 수두바이러스는 뇌척수의 모든 신경절에 침입한다고 생각된다. 사람을 해부해 보면 수두바이러스의 DNA가 무릎, 속귀, 삼차, 목 부위, 가슴 부위, 천골 등의 신경절에서 보인다. 주로 머리와 목 주위의 신경절에 사는 1형 단순 헤르페스바이러스와 달리 수두바이러스는 온몸의 감각 신경절에 잠복한다.(3)

수두바이러스의 생존 전략은 강한 감염력과 잠복 그리고 재발이다.

◆ 정식 명칭은 수두·대상 포진 바이러스다. 이 책에서는 편의상 속칭인 '수두바이러스'라고 쓴다.

수두바이러스는 헤르페스바이러스과의 일종이지만, 접촉을 통해 감염하는 1형 단순 헤르페스바이러스와 달리 주로 공기 전염으로 쉽게 퍼진다. 그렇기 때문에 어린이 병원처럼 어린아이가 많이 있는 곳에서는 수두가 급속히 퍼진다. 수두를 회복해도 수두바이러스는 체외에 배출되지 않고 잠복해 수십 년 뒤 나이를 먹고 성인이 되었을 때 면역력이 떨어지면 재발한다. 그 병명은 수두가 아닌 '대상 포진'이다.

대상 포진은 면역력 저하 등을 계기로 수두바이러스가 감각 신경을 따라 몸통, 얼굴, 머리, 팔다리 등의 피부에서 증식해 궤양 병변이 만들어지는 병이다. 또 요츠야 괴담四谷怪談이라는 일본 민담에는 남편이 이상한 약을 먹여 아내 오이와의 얼굴이 흉하게 변하는데, 아마도 이것은 심한 대상 포진에 걸린 사람을 모델로 한 것 같다.

1888년, 헝가리 부다페스트Budapest의 소아 청소년과 교수 제임스 보카이는 수두와 대상 포진의 관련성에 관해 다음과 같이 말했다. 그는 대상 포진 환자와 접촉한 아이가 수두에 걸린 5가지 증례症例를 보고했는데, '수두의 어떤 감염 성질이 어떤 조건에서는 전신성 발진이 아닌 대상 포진 증상을 나타내는지 의문을 제기한다'라고 했다. 그의 일원론은 1925년, 오스트리아 빈의 어떤 의사가 수두에 걸린 적 없는 아이에게 대상 포진 환자의 수포액을 접종하자 수두와 같은 발진이 나타나고 주위 아이에게도 옮긴 것으로 입증되었다.(4)

대상 포진의 수포에는 바이러스가 들어 있으며, 이것이 감염원이 되어 아이가 수두에 걸린다. 수두 → 대상 포진 → 수두라는 이 전파 양상에 의해 수두바이러스는 인간이 아직 작은 집단이었던 시대부터 수천 년간 이어져 내려왔다고 추정된다. 남대서양의 트리스탄다쿠냐 제도 Tristan da Cunha Group에서 이를 입증하는 예를 찾아볼 수 있다. 이 섬에서 사는 사람은 약 2천 명 정도이고, 수두는 대상 포진에 걸린 적이 있는 성인에게만 발병한다.(5) 아직 감염되지 않은 사람들을 지속해서 감염시키지 못하면 생존할 수 없는 천연두바이러스나 홍역바이러스와 달리 단순 헤르페스바이러스나 수두바이러스는 잘 생존한다고 할 수 있다.

최초로 발견된 인간의 암 바이러스

어느 잠복 바이러스가 다양한 병에 관련되어 있음이 밝혀지고 있다.

영국의 외과 의사였던 데니스 파슨스 버킷Denis Parsons Burkitt은 1958년, 아프리카 우간다Uganda 아이들이 위턱에서 때로는 안구까지 부어오르는 종양이 자주 발생하는 점을 주목해 이 사실을 발표했다. 이것은 림프 세포가 이상 증식하는 암이었고, 버킷림프종Burkitt lymphoma이라는 이름이 붙었다.

마침 1961년에 버킷 의사의 보고를 들은 병리학자 마이클 앤서니 엡스타인Michael Anthony Epstein은 바이러스가 원인이라고 생각해 버킷에게 종양 세포를 넘겨받았다. 그는 조수인 이본느 바^{Barr}와 함께 그 종양 세포를 전자 현미경으로 관찰했다. 그러자 헤르페스바이러스와 비슷한 바이러스가 보였다. 그와 함께 헤르페스바이러스 연구의 일인자로 꼽히는 워너 헨레와 거트루드 헨레 부부는 이 바이러스를 엡스타인 바 바이러스^{Epsten-Barr Virus}◆라고 명명하며 림프종의 원인이 되는 바이러스라는 사실을 입증했다.

이것은 최초로 발견된 인간의 암 바이러스였다.(6) 엡스타인 바 바이러스는 버킷림프종뿐 아니라 상후두암, 호지킨병 등의 림프성 암과 위암의 원인이 된다. 전 세계에서 매년 20만 가까운 암이 엡스타인 바 바이러스에 의해 발생한다.

1968년, 헨레 부부가 엡스타인 바 바이러스에 관한 실험을 할 때 한 여성 기술원이 목의 통증, 발열, 림프샘 붓기와 같은 증상을 수반하는 '전염성 단핵구증'이라는 병에 걸렸다. 이 병명은 혈액 속의 림프구(단핵 세포) 수가 증가해 핵의 형태에 이상이 보이는 것에 유래하므로 주로 대학생 등의 젊은 사람이 많이 걸린다. 놀랍게도 발병하면서 그녀의 혈청에 엡스타인 바 바이러스 항체가 상승했다. 그래서 몇 년 동안 대학생들을 조사한 결과, 엡스타인 바 바이러스는 암뿐 아니라 그때까지 원

◆ | 바이러스에 이름을 붙일 때는 보통 특정한 병의 이름을 쓴다. 병명이 없는 바이러스는, 발견한 사람의 이름을 인용하는 것이 많다. 노로바이러스가 그 예이다. 국제 바이러스 분류 위원회 목록에 있는 바이러스 중 분리한 연구자의 이름이 붙여진 인간 바이러스는 엡스타인 바 바이러스가 유일하다.

인 불명이었던 전염성 단핵구증의 병원체라는 사실이 확인할 수 있었다.(7)

엡스타인 바 바이러스도 많은 사람의 몸속에 잠복하는 바이러스다. 아이가 이 바이러스에 감염되면 감기와 같은 증상만 보였다가 낫는다. 사춘기 이후에 감염되면 약 절반 정도 전염성 단핵구증이 발병한다. 일본의 경우, 2~3세까지 70퍼센트 정도가 감염되고 20세까지 90퍼센트 이상이 감염된다. 서양에서는 유·소아기에 감염되는 예는 무척 적고 성인기에 감염되어 전염성 단핵구증이 발병되는 일이 많다. 또 전염성 단핵구증은 키스할 때 타액으로 바이러스에 감염되어 일반적으로 '키스병'이라고도 불린다.

엡스타인 바 바이러스는 타액을 매개체로 감염해 처음에는 목의 상피 세포에서 증식하다 교묘한 생존 전략에 의해 평생 체내에 잠복한다. 먼저 엡스타인 바 바이러스는 목의 편도 등의 림프 조직 안 소형 B 림프구에 감염한다. 이 B 림프구는 휴지기 세포이고, 바이러스나 세균 등의 항원에서 자극이 있으면 분열하기 시작해 대형 림프아구라고 불리는 형태로 바뀌어 항체를 생산한다. 외부에 노출되는 편도 등은 항원의 자극을 계속 받기 때문에 소형 림프구 분열이 끊임없이 일어난다. 대기 상태인 소형 림프구 안에 잠복한 엡스타인 바 바이러스는 분열하는 세포 속에서 증식해, 상피 세포에 감염한다. 그 결과 바이러스가 타액으로 배출된다. 다양한 세균이나 바이러스가 침입할수록 B 림프구의 분열이 촉진되고 거기에 잠복한 엡스타인 바 바이러스의 증식을 돕는다. 즉 엡스타인 바 바이러스는 B 림프구에 잠복하면서 분열을 계속하는 B 림프구와 함께 증식하고 타액 속에 배출되어 다른 인간에게 전파된다.(8)

더구나 B 림프구에 감염된 엡스타인 바 바이러스는 얌전히 잠들어 있는 것은 아니다. 엡스타인 바 바이러스에 감염되면 대표적인 자기면역질환인 전신 홍반성 루푸스Systemic lupus erythematosus, SLE가 발생할 위험이 50배 이상 높아진다고 1990년대 말에 보고되었다. 2018년, 미국 오하이오주 남서부에 있는 신시내티Cincinnati 어린이 병원 연구팀은 엡스타인 바 바이러스의 유전자 발현의 계기가 되는 바이러스 단백질 중하나인 EBNA2가 전신 홍반성 루푸스를 포함해 류머티즘 관절염, 다발성 경화증, 궤양성 대장염, 당뇨병 등 7종류의 자기면역병의 위험을 높일 수 있다고 보고했다.(9) 이 보고가 정확하다면 엡스타인 바 바이러스백신 개발로 많은 자기면역질환을 예방할 수 있을지도 모른다.

인간면역부전바이러스가 있는 건강한 사람

인간면역부전바이러스는 치료법이 발전하게 되자 독성이 강한 바이러스에서 잠복 바이러스로 모습을 바꾸고 있다.

에이즈의 원인인 인간면역부전바이러스가 처음부터 독성이 강한 것은 아니다. 먼저 20세기 초 아프리카 카메룬Cameroon의 열대 우림에서 침팬지가 보유한 원숭이면역부전바이러스는 종을 초월해 인간에게 감염됐다. 그 후 수십 년간, 바이러스는 꾸준한 속도로 인간들에게 전파되었다. 인간에서 인간으로 막 감염됐을 때에는 심각한 병을 일으키지 않고 이성 간의 성행위로 전파됐다. 그러나 계대가 반복되면서 바이러스가 진화하고, 독성이 증가했다. 그리고 1980년대 초, 북미와 유럽 지역에서 90퍼센트 이상의 치사율을 나타내는 에이즈가 그 모습을 드러냈다.

에이즈는 급속히 퍼졌고 20세기 후반에 인간면역부전바이러스 감염자는 3,300만 명, 유행이 시작된 후 에이즈에 의한 사망자는 1400만 명으로 추정되었다.(10)

1996년부터 항레트로바이러스 요법Highly active antiretroviral therapy, HAART이 시작되었다. 이것은 [그림 17]처럼 인간면역부전바이러스의 교묘한 증식 시스템을 저해하려고 개발됐다.

인간면역부전바이러스는 먼저 세포에 침입해 단백질의 껍질(캡시드)을 벗고 바이러스 RNA만의 존재가 된다. 이것이 역전사 효소에 의해 DNA로 전사되어 인터그레이스Integrase라는 효소로 염색체 DNA에 주입된다. 이 바이러스 유래의 DNA가 전사되어 바이러스RNA가 복제되고

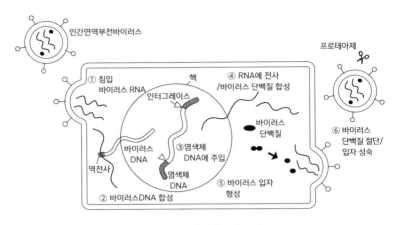

[그림 17] 파보바이러스 진화 경로

그와 동시에 바이러스 RNA로부터 바이러스 단백질이 변역·합성된다. 그
것들이 함께 바이러스 입자가 형성되어 세포 밖으로 방출된다. 이 바이
러스 입자에서 여분의 단백질이 프로테아제Protease, 단백질 분해 효소 - 옮긴이
주에 의해 잘려서 성숙 바이러스 입자가 되어 감염을 일으킨다.

이 요법을 도입하자 에이즈 발병이 줄어들고, 사망자 수가 감소했다.
세계 195개국 에이즈 사망자 수는 2005년에 180만 명에 달한 뒤, 2015
년에는 120만 명으로 감소했다. 새로운 인간면역부전바이러스 감염자
수는 1997년 연간 약 330만 명을 정점으로 2005년에 260만 명까지 감
소했다가 횡보 추세를 보인다. 즉, 인간면역부전바이러스에 감염됐어

도 에이즈가 발병해 죽는 일은 줄어들고 있지만, 매년 새로운 감염자가 생기고 있다는 뜻이다. 그 결과 인간면역부전바이러스에 감염된 건강한 사람의 수는 1996년 말 추정 2,300만 명에서 2015년에는 3,880만 명에 달했다.(11)

이 요법에 쓰이는 항인간면역부전바이러스 약은 약제 내성 바이러스의 문제를 갖고 있다. 인간면역부전바이러스는 끊임없이 변이를 일으키기 때문에 감염된 바이러스에 효과가 있는 약을 투여하고 정기적으로 바이러스의 약제 내성을 조사해야 한다. 내성바이러스에 효과적인 새로운 약을 계속 개발 중이고, 일본에는 30여 종의 항인간면역부전바이러스 약이 쓰인다.

그러나 에이즈가 빈번하게 발생하는 개발 도상국에서 약제 내성을 모니터링하기란 쉽지 않다. 성인의 20퍼센트가 인간면역부전바이러스에 감염되는 남아프리카에는 2004년 이래, 항인간면역부전바이러스 약이 무료로 공급되어서 현재 700만 명의 감염자 중 절반이 이 약을 먹는다. 이것은 세계 최대 규모의 프로젝트다. 그러나 약제 내성 검사가 잘 이루어지지 않아 2~3 종류의 약만 투여한다.(12)

국제 합동 에이즈 프로젝트는 '신속 대응(패스트 트랙)으로 2030년까지 에이즈 유행을 종결한다'는 것을 목표로 한다. 신속 대응 목표는 '90-90-90'으로 요약할 수 있다. 이것은 먼저 2020년에 전 세계 인간면역부전바이러스 양성자의 90퍼센트가 검사를 받고, 본인이 인간면역부전바이러스 감염자라는 사실을 깨달으면, 그중 90퍼센트가 항인간면역부전바이러스 약에 의한 치료를 받아 그중 90퍼센트에서 체내의 바이러스가 검출되지 않도록 하는 상태를 말한다. 또한 2030년까지 '95-95-95'를 목표로 한다.

이것을 역산하면 2020년에는 81퍼센트의 감염자가 치료를 받고 73퍼센트가 혈중에 바이러스를 배출하지 않으며, 2030년에는 86퍼센트가 혈중 바이러스가 음성이 되어 다른 사람을 감염시키면 안 된다. 그러나 2016년, 혈중 바이러스가 음성이 된 감염자는 44퍼센트에 지나지 않는다. 또한, 이 계획이 달성되어도 2020년 연간 신규 감염자는 50만 명, 2030년에는 20만 명이 될 것으로 추정된다.

이 계획을 달성하면 신규 감염자 수는 매년 줄어들어, 에이즈는 공중위생상 위협 요소가 아닐 수도 있다. 그러나 항인간면역부전바이러스 약은 바이러스의 증식을 억제할 수는 있어도 염색체에 잠복한 바이러스를 없앨 수는 없다. 항레트로바이러스 요법은 인간면역부전바이러스를 계속 잠복기에 머무르게 하는 치료법이다. 인간면역부전바이러스에 감염되어도 에이즈 증상이 나타나지 않고 건강한 생활을 할 수 있지만, 인간면역부전바이러스를 평생 보유하는 사람은 점점 늘어날 것이다.(13)

아무튼 약을 적절하게 투여하면 인간의 몸속에 인간면역부전바이러스를 잠복할 수 있게 됐다. 이런 형태로 오랫동안 존재하다 보면 인간면역부전바이러스도 침팬지와 공생하는 원숭이면역부전바이러스처럼 얌전한 바이러스로 진화할지도 모른다.

인체 속 암흑 물질 - 인간 바이롬

인간의 몸속에는 헤르페스바이러스 등 한정된 종류의 바이러스를 제외하고는 바이러스가 거의 존재하지 않는다고 여겨왔다. 그런데 앞서 말한 메타게놈 해석이 인체에도 적용되면서 바이롬Virome, 그리스어로 'ome'은 '모든 것'이라는 뜻이라는 바이러스체(바이러스 집단)가 발견되었다. 이 미지의 바이러스에 대한 관심은 매년 커지고 있다.

메타게놈 해석을 이용해 해양 바이러스의 실태를 연구했던 해양 미생물학자들이 해양 바이러스를 통해 쌓은 경험을 인간의 장내 바이롬 연구에 활용했다. 위장염의 원인이 되는 바이러스 중 상당수가 RNA 바이러스인 것은 이미 잘 알려진 사실이지만, 건강한 인간의 장 속 바이러스는 일종의 블랙박스나 마찬가지였다.

사람의 분변에 있는 RNA 바이러스에 초점을 맞추어 해석한 바로는, 피망에 감염하는 식물바이러스가 가장 많이 발견되었고 건조 분변 1그램당 10억 개에 달하는 바이러스 입자가 검출되었다. 이 바이러스는 북미와 아시아 대륙에 사는 사람에게서 발견되었으므로 세계에 널리 존재할 것이라고 추측한다. 이것은 음식과 함께 들어갔다고 생각하는데, 피망 등의 감염성을 보유한 것을 보면 인간이 식물의 병원 바이러스를 확산하는 역할을 하고 있을 수도 있다.(14)

DNA 바이러스를 해석해 보니 건강한 사람의 장 속에 엄청난 수의 파지가 서식하는 것이 알려졌다. 장 속에는 100조가 넘는 세균이 서식하는데, 그 수십 배의 파지가 존재한다고 추정된다. 파지의 종류가 분포하는 모양에는 전 세계에서 공통적인 면이 보인다. 한편 궤양성 대장염 등 소화기 질환에 걸리는 사람의 경우에는 그 공통된 경향에서 벗어난 사람이 많다. 이 점을 생각하면 파지가 장 속 세균의 균형을 유지해 건강에 도움을 줄 가능성이 제기된다.(15)

바이러스는 체표에도 상주한다. 건강한 남녀에게 한 달 동안 피부를 닦은 액을 채취해 바이러스 입자를 정제해 메타게놈 해석을 했더니 피부의 바이롬 구성은 개인마다 차이가 있었고 동일 인물인 경우에도 한 달 동안 뚜렷하게 변화를 보였다. 많은 사람의 몸속에는 인유두종바이러스Human Papillomavirus, HPV와 폴리오바이러스 등이 존재했다. 이 두 가지 바이러스는 예전에는 같은 그룹으로 분류되었는데, 피부의 사마귀나 암(인유두종바이러스는 자궁경부암, 폴리오바이러스는 피부암)의 원인이 된다. 전형적으로 꼬리가 있는 파지도 검출되었지만, 90퍼센트 이상은 미지의 것이었다. 우리가 알 수 있었던 파지 중에는 표피포도상구균이나 프로피오니박테리움Propionibacterium, 통칭 여드름균이라고 불리는 세균이 포함됨에 감염하는 것이 있었다. 피부에는 조에 달하는 피부상재균이 생식하며 상당수는 피부의 미용이나 건강을 유지하는 데 도움이 된다. 파지는 간접적으로 이런 역할을 하고 있을 가능성이 있다.(16)

장 속은 피부 표면처럼 몸 밖으로 간주할 수도 있다. 그렇다면 무균이라고 생각했던 체내에도 수많은 미지의 바이러스가 잠복하고 있을까? 감염증에 걸리지 않았다고 생각한 8천 명의 혈액을 메타게놈 해석으로 조사한 결과로는 42퍼센트의 인간에게 19종류의 바이러스가 보였다. 특히 많았던 것은 헤르페스바이러스 집단이었다.(17) 또, 구강, 호흡기, 비뇨기, 생식기 등의 부위에서도 바이롬이 보고되었다.

인간에 생식하는 바이러스는 어떤 역할을 할까? 장 점막 대신 쉽게 관찰할 수 있는 잇몸 점막에 존재하는 파지를 형광 색소로 물들여서 형광 현미경으로 관찰했더니, 세균의 40배나 되는 파지가 발견되었다. 파지와 세균의 비율을 점막 이외의 상피조직上皮組織과 비교할 때 4배 이상 많다. 점막은 그 아래에 있는 상피조직에서 분비되는 당단백질 뮤신Mucin으로 덮여 있는데, 그곳에 파지가 부착해서 미생물의 침입을 막아줄 수 있다.(18)

바이롬에 관해 본격적으로 연구한 것은 아직 10여 년밖에 되지 않았다. 앞으로 우리 체내에서 바이러스가 우리의 건강과 질병에 대해 어떤 역할을 하는지 밝혀질 수 있다고 기대한다.

제11장
격동의 환경에서 사는 바이러스

·

·

    제2차 세계 대전 뒤, 세계는 눈부시게 발전했다. 한편으로 도시화와 인구 증가로 인해 환경 파괴와 온난화가 진행되면서 우리가 사는 환경은 과거와 비교할 수 없을 만큼 크게 달라졌다. 인간뿐만 아니라 식량원인 가축과 개나 고양이 등의 반려동물이 접하는 환경도 크게 변했다. 결과적으로 생물에 기생하는 바이러스가 증식하는 곳도 교란되고 있다.

    20세기 후반, 급속한 인구 증가로 인한 식량 수요에 대응하기 위해 사람들은 양돈장과 양계장을 효율화했다. 그랬더니 엄청난 크기의 과밀한 동물 사회가 탄생했다. 이는 야생 환경과 동떨어진 상태다. 돼지와 닭의 바이러스는 이런 심한 환경 변화에 노출된 채 그 상태에 적응해 정교한 생존 전략을 짜서 새로운 증식 장소를 마련하고 있다. 반려동물인 개도 인간 사회의 구성원이 되어 바이러스에 노출되었다. 또 의학이 발달하면서 자연계라면 절대 만나지 않았을 여러 종류의 원숭이가 함께 사육되고 있다. 역설적으로 새로운 병원체 바이러스를 생산하는 곳이 되었다.

20세기 후반, 바이러스는 30억 년이라는 생명의 역사상 처음으로 격동하는 환경에 직면하게 되었다. 현대 사회에서 바이러스가 어떻게 생존의 길을 찾는지 살펴보자.

대규모 양돈 산업이 낳은 돼지생식기호흡기증후군바이러스

1987년, 미국에서 돼지에게 알 수 없는 병이 퍼졌다. 새끼 돼지는 폐렴에 걸리거나 발육 부전 증상이 나타났고, 다 큰 돼지는 호흡 곤란과 폐렴에 시달렸다. 임신한 돼지는 조산하거나 사산했고, 새끼 돼지가 사망하는 등 번식 장애도 보였다. 같은 시기, 멀리 떨어진 중앙 유럽에서도 같은 질병이 퍼졌다. 이 병은 이미 숨이 끊어진 젖을 떼는 시기의 돼지에게 치아노제산소가 충분히 공급되지 못해 피부와 점막이 청자색으로 변하는 현상가 보이는 것에서 돼지청이병Blue-ear disease이라는 이름이 붙었다. 원인을 모른다 해서 '미스터리 병'이라고도 불리기도 했다.

이 병의 원인 바이러스는 먼저 1991년에 네덜란드에서 분리되었고 이듬해인 1992년에 미국에서도 분리되었다. 그해에 미국에서 열린 국제회의에서 돼지생식기호흡기증후군Porcine reproductive and respiratory syndrome, PRRS이라고 명명했다. 둘 다 아테리비리데^{Arteriviridae}과에 속하는 바이러스지만, 유전자 구조는 달랐다. 지금은 유럽의 바이러스는 1형, 미국의 바이러스는 2형으로 불린다.

바이러스를 특정할 수 있게 되자 과거의 혈청을 이용해 병이 나타난 시기를 더욱 정확하게 특정할 수 있게 되었다. 1980년대 중반, 연구진은 보존해 두었던 돼지 혈청에 이 바이러스에 대한 항체가 있는지 조사했다. 그러자 미국 아이오와주^{Iowa州}에서는 1985년, 미네소타주에서는 1968년, 구 동독에서는 1988~1989년에 처음으로 항체가 출현했다는 것을 알 수 있었다. 즉 돼지생식기호흡기증후군바이러스는 유럽과 미국에 비슷한 시기에 나타났다.

바이러스는 세계 각국에 급속히 퍼졌다. 일본에서는 1994년에 당시 '헤코헤코병^{ヘコヘコ病}'이라는 병에 걸린 돼지에서 바이러스가 분리되었다. 2006년 이후, 중국과 베트남에서도 바이러스를 발견해 고열을 동반하는 심각한 증상이 나타났다. 치사율은 20~100퍼센트에 달했다.[1] 돼지생식기호흡기증후군바이러스는 양돈 산업에 심각한 경제적 타격을 입혔고, 미국에서는 연간 약 5억 6천만 달러, 일본에서는 280억 엔의 손실을 입었다고 한다.[1][2]

돼지생식기호흡기증후군바이러스의 기원에는 의문점이 있었다. 유럽의 바이러스와 북미 바이러스가 일으키는 증상은 매우 비슷했지만,

게놈 염기 서열의 약 40퍼센트가 매우 달랐다. 왜 비슷한 시기에 나타난 병원 바이러스인데 게놈 염기 서열이 이렇게 크게 다를까?

돼지생식기호흡기증후군바이러스는 같은 아테리비리데바이러스과에 속하는 쥐의 젖산탈수소효소Lactate dehydrogenase, LDH바이러스와 친척뻘이므로 젖산탈수소효소바이러스가 기원이 아닐까 짐작된다. 젖산탈수소효소바이러스는 1960년, 실험 중인 쥐의 혈액 속 젖산탈수소효소 양이 증가할 때 발견된 바이러스다. 들쥐들이 이 바이러스에 감염되어 평생 감염된 채 무증상으로 살아간다.

젖산탈수소효소바이러스 분야의 전문가이자 미국 미네소타대학교University of Minnesota 명예 교수인 피터 프레이짐은 유전자의 계통수를 해석하고 역사적 사실을 검토해, 멧돼지가 쥐로부터 젖산탈수소효소바이러스에 감염되어 돼지생식기호흡기증후군바이러스가 생겼다는 가설을 제창했다. 실제로 유럽에서 처음으로 돼지생식기호흡기증후군바이러스가 검출된 구 동독에는 야생 멧돼지에서도 돼지생식기호흡기증후군바이러스의 감염이 발견되었다. 또 1912년, 14마리의 멧돼지가 구 동독에서 미국 노스캐롤라이나주North Carolina州에 수렵용으로 수출되었다. 프레이짐은 이 멧돼지 중에 돼지생식기호흡기증후군바이러스의 선조에 감염된 개체가 있었을 것이라고 추정했다. 그 뒤 70년간 유럽과 미국에서 바이러스가 개별적으로 진화해 1형과 2형으로 분기해 각각

점차 독성을 강화했고, 마침 비슷한 시기에 질병으로 모습을 드러냈다고 설명한다.(3)

돼지 과밀 도시와 '바이러스를 숨긴 국제 유통'

돼지생식기호흡기증후군바이러스가 태어난 배경을 이해하려면 인간이 만들어 낸 돼지 사회의 실태를 파악해야 한다. 돼지는 인류가 약 9천 년 전에 아나톨리아_{Anatolia, 지금의 터키}와 동아시아에서 멧돼지를 가축화해서 만들어진 동물이다. 얼마 안 가 돼지고기를 암염_{소금 성분이 육지로 올라와 굳어진 것 - 옮긴이 주}과 섞으면 햄이나 베이컨으로 보존할 수 있다는 것이 알려지면서 돼지 사육이 증가했다.

양돈 산업은 반세기 전부터 급속히 덩치가 커졌다. 돼지고기 수출량 세계 1위인 미국을 살펴보자. 1539년, 스페인의 탐험가 에르난도 디 소토_{Hernando De Soto}가 처음으로 북미에 돼지 13마리를 들여왔다. 3년 뒤에 그가 사망했을 때, 돼지는 7백 마리로 늘어났고, 이때 미국에서 양돈 산업이 시작되었다. 1930~40년대에 냉장 기술이 보급되자 양돈 산업은 대기업과 계약해 집약적 생산 형태로 바뀌었다. 1970년대 중반에는 100만 호 이상의 농장에서 평균 100마리 이하의 돼지를 사육할 수 있게 됐다. 그러나 농장 집약화가 진행되어 대규모 농장으로 전환되자 1990년대 초에는 농장이 약 20만 호로 감소했다. 1994년에는 5만~50

만 마리를 사육하는 대농장이 57개, 50만 마리 이상을 사육하는 거대한 농장이 9개였다. 이렇게 불과 20년 만에 근대 도시의 인구에 상당하는 대규모 돼지 사회가 탄생했다. 홍역바이러스가 도시의 탄생과 함께 급속히 확산된 것처럼 돼지 사회도 새로운 바이러스가 확산하기에 딱 좋은 환경이었다.(4)

양돈장의 대규모화는 일본에서도 진행되었다. 1970년대 초에는 40만 호당 농장에서 1호당 평균 약 15마리가 사육됐지만, 2000년대에는 1만 호 이하로 집약되어 각 농장에서 키우는 돼지 수는 약 1,000마리로 증가했다.

구제역 등의 기존 가축 전염병에 대해서는 침입 방지 대책이 이루어졌지만 새로 나타난 바이러스에 대한 효과를 기대할 수는 없다. 인간과 물질의 국제적 이동에 속도가 붙으면서 미국의 돼지생식기호흡기증후군바이러스가 일본에 유입되어 양돈 사업에 큰 피해를 안기고 있다.◆

인간 사회의 반려동물로 진출한 파보바이러스

1978년 여름이 끝날 무렵, 미국과 오스트레일리아, 유럽 각국에서 갑자기 출혈성 장염에 걸려 급사하는 강아지가 늘어나 애견인들이 충격

◆ │ 그 외 서코바이러스 등 새로운 돼지 바이러스들이 확산되고 있다.

을 받았다. 미국 코넬대학교^{Cornell University} 베이커 연구소의 맥스 아펠은 개의 사체 분변에서 직경 25나노미터의 소형 바이러스를 분리했다. 파보바이러스의 일종인 이 바이러스는 이미 개에서 발견된 기존의 파보바이러스◆가 있었으므로 2형 개 파보바이러스라고 명명했다. '파보^{Parvo}'는 라틴어로 '작다'라는 뜻이다. 보관해 두었던 개의 혈청 항체 검사 결과, 이 바이러스는 1976년 이전에는 존재하지 않은 것으로 추정된다.

2형 개 파보바이러스는 개와 함께 하는 해외여행의 증가와 다양한 종의 개를 수입해서 1~2년 만에 전 세계에 퍼졌고, 수천 마리의 개가 사망했다. 그 피해가 너무 심각해서 '킬러 바이러스가 개를 덮쳤다'라고 언론 매체와 반려견을 키우는 사람들 사이에서 우려의 목소리가 높았다.

2형 개 파보바이러스는 어디에서 왔을까? 이 바이러스의 유전자 배열은 고양이가 걸리는 고양이범백혈구감소증바이러스^{Feline panleukopenia virus, 고양이 파보바이러스라고도 함}와 거의 비슷했다. 그래서 당시 개의 홍역 백신에 고양이의 바이러스가 섞인 것은 아닌가 추측했다. 또 고양이에게 접종한 고양이범백혈구감소증바이러스는 생백신이다. 이 백신바이러스가 고양이에서 배출되어 개를 감염시켰을 가능성도 있다. 하지만 이런 가설은 모두 추측의 영역을 넘지 못했다.

◆ | 1976년에 분리돼 개 미소 바이러스라고 불리었던 것이다.

파보바이러스는 단백질 껍질(캡시드)에 싸인 DNA 바이러스에서 매우 강한 저항성을 보인다. 감염된 개의 분변과 토사물에 존재하는 바이러스는 외부 세계에서 6개월~1년간 생존한다. 다른 바이러스와 달리 50도 정도의 열에도 죽지 않고 알코올 등의 소독약으로도 죽지 않는다. 그러나 차아염소산나트륨(차아염소산소다)는 바이러스에 효과가 있다. 그래서 개들이 자주 모이는 공원에서 쉽게 감염된다.

2형 파보바이러스에 감염된 개는 고양이범백혈구감소증바이러스에 감염된 고양이와 같은 장염이 발생했다. 또 두 바이러스의 항원성은 무척 비슷했다. 그래서 고양이범백혈구감소증바이러스를 이용한 생백신이 개발돼 1979년부터 개 파보바이러스의 발생을 억제할 수 있었다. 그런데 1979~1980년에 항원성이 변이된 바이러스가 세계 각지에서 발견됐다(2a형). 1981년에는 최초의 2형 바이러스는 자취를 감추었다. 1984년에는 더욱 변이된 바이러스를 발견했고(2b형), 현재까지 이 바이러스가 개에게 감염을 일으키고 있다.

이런 바이러스 유전자를 비교해 보면 [그림 18]과 같은 경로로 바이러스가 진화했다고 추정할 수 있다. 고양이범백혈구감소증바이러스는 1900년 이전부터 존재했는데, 이것과 비슷한 유전자 구조의 바이러스로는 라쿤 파보바이러스와 북극여우 파보바이러스가 있다. 그러므로 1900년 이전부터 고양이, 라쿤, 북극여우 사이에 이 바이러스가 존재했다고 생각했다. 또 1940년대에는 이 바이러스와 매우 비슷한 밍크 장염바이러스가 미국의 밍크에서 분리되었다. 당시 미국에는 3천 개 가까운 밍크 농장에서 약 16만 마리의 밍크가 모피용으로 사육되고 있었다(지금은 10분의 1로 줄었다).

개 파보바이러스의 선조 바이러스는 1970년대 초기에 유럽에서 위의 4종류 동물바이러스 중에서 나타났고, 1977년에서 1978년에 걸쳐 전 세계로 퍼지면서 2형으로 진화했다고 추정된다. 2형 바이러스는 1978~1981년에 맹위를 떨쳤으며 1981년 이후에는 소멸했다. 한편 1978~1980년에 같은 선조 바이러스에서 2형 바이러스와 아미노산이

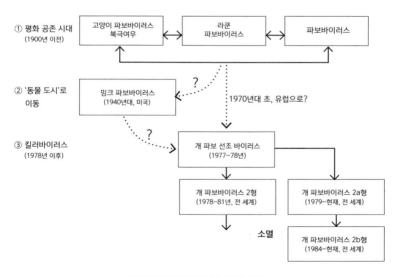

[그림 18] 파보바이러스 진화 경로

5, 6개만 다르고 나머지는 같은 바이러스(2a형)가 새로 생겨 이것이 2b
형 바이러스로 변이해 개에게 완전히 안착했다고 생각한다.(5)(6)

파보바이러스는 DNA 바이러스이지만 일반적인 이중 나선 구조
DNA 바이러스와 달리 단일 구조이므로 변이가 되어도 상보하는 사슬
이 없다. 즉 복구하지 못하고 아주 쉽게 변이된다. 개를 숙주로 삼으면
서 순화되어 변이가 거듭되었다고 추정한다.

개는 인간의 반려동물로 인간처럼 모여 살고, 또 광범위하게 이동한
다. 바이러스는 전 세계의 개들 사이를 이동하면서 불과 10여 년 만에
순화되어 판데믹(세계적 대유행)을 일으켰을 것이다.

연구실에서 나타난 원숭이의 에이즈바이러스

1960년대 초, 미국 국립 위생 연구소는 부속 시설인 전미 7개소의 대
학에 의학 연구용 영장류 연구 센터를 설립했다. 미국 캘리포니아대학
데이비스교University of California, Davis 캠퍼스에는 캘리포니아 지역 영장류
센터California Regional Primate Research Center, CRPRC가 병설되어 다양한 종의 원
숭이 2천 마리가 사육되었다.

1969년부터 캘리포니아 지역 영장류 센터의 옥외 시설에서 사육되
던 붉은털원숭이들에서 림프종이 잇달아 발생했다. 발병한 원숭이는
1973년까지 총 44마리로 늘었다. 림프종 외에 나무형 결핵균감염이나

T 림프구 감소, 기능 저라 등의 면역 이상을 보이는 원숭이도 나타났지만, 원인을 찾을 수 없었다.

10년쯤 뒤, 캘리포니아에서 멀리 떨어진 하버드대학교 뉴잉글랜드 지역 영장류 연구 센터New England Regional Primate Research Center, NERPRC에서 사육되었던 붉은털원숭이에게도 림프종이 생겼다. 1985년, 림프종을 다른 붉은털원숭이에게 이식하는 실험을 할 때 원숭이 혈청에서 레트로바이러스가 분리되었다. 원숭이 혈청에서 레트로바이러스가 분리되기 2년 전에 에이즈의 원인인 인간면역부전바이러스(HIV)가 분리되었고 녹색 원숭이에서도 같은 바이러스가 분리되어 원숭이면역부전바이러스(SIV)라는 이름이 붙었다. 붉은털원숭이의 레트로바이러스도 원숭이면역부전바이러스 중 하나로 알려져 이것은 SIVmac으로 명명했다(mac는 마카그macaque 속의 약어).

왜 관리하는 연구소에서 새로운 바이러스가 나타났을까? 먼저 림프종의 붉은털원숭이의 유래를 조사했더니 1970년에 캘리포니아 지역 영장류 센터에서 반입된 5마리 중 한 마리임이 파악되었다. 다른 네 마리는 도착 후 2년 만에 나무형 결핵균의 전신성 감염과 림프성 질환으로 사망했다. 그래서 이 원숭이가 SIVmac를 갖고 들어와 그것을 미처 파악하기 전에 새 뉴잉글랜드 지역 영장류 연구 센터 원숭이들에게 확산되었다고 추정했다.(7)

이렇게 생각하면 1969~1973년에 캘리포니아 지역 영장류 센터에서 발생한 림프종, 결핵, 면역부전과 같은 증상도 SIVmac의 감염이 원인이라고 추정된다. 이 증상은 에이즈와 흡사해서 붉은털원숭이의 SVmac는 에이즈의 원숭이 모델이 되었다.

그러면 SIVmac는 이 센터에 어떻게 들어갔을까? 캘리포니아 지역 영장류 센터에서는 1961~1969년에 1만 1,500마리의 붉은털원숭이가 사육되고 있었는데, 그들의 개체에는 특별히 이상을 보이지 않았다. 또 SIVmac는 그 유전자 구조를 보면 원래는 붉은털원숭이바이러스가 아닌 아프리카산 검댕맹거베이Sooty mangabey monkey, 긴꼬리원숭잇과 맹거베이속가 보유하는 바이러스(SIVsm)◆라는 것을 알았다. 또한 이 바이러스는 자연 숙주인 검댕맹거베이에서는 병을 일으키지 않는다. 그래서 아프리카산 원숭이 바이러스가 어떻게 연구소 안에 있는 아시아산 원숭이에게 감염되어 에이즈를 발병하게 했는지 여전히 알 수가 없었다.

2006년, 이 의문점을 해결하는 견해가 발표되었다. 아프리카산 검댕맹거베이의 원숭이면역부전바이러스가 아시아산 붉은털원숭이에게 전파되어 원숭이의 에이즈바이러스로 변했다. 그런데 이렇게 변모하는 장을 제공한 것은 캘리포니아 지역 영장류 센터에서 진행했던 프리온

◆ | 인간면역부전바이러스에는 두 종류가 있다. 전 세계에 퍼진 인간면역부전바이러스는 침팬지 유래의 HIV-1이고, HIV-2는 서아프리카에 한정되어 발생한다. 이것은 SIVsm에 유래한다.

병^{Prion病} 실험이었다는 생각지 못한 내용이었다.(8)

미국 국립 보건원의 소아 청소년과 의사이자 바이러스 연구자인 대니얼 칼턴 가이듀섹^{Daniel Carleton Gajdusek}은 이 실험에 열정적으로 매달렸다. 1960년대 후반, 파푸아뉴기니^{Papua New Guinea}에서 많은 원주민이 쿠루^{Kuru}라는 치명적 병에 걸렸다. 그는 이 병에 걸린 사람의 뇌 조직을 침팬지에게 접종했다. 그러자 약 1년의 잠복기 뒤에 발병해 이 병이 전염성이 있다는 사실을 알게 되었다. 이어서 크로이츠펠트 – 야코프병^{Creutzfeldt-Jakob disease, CJD}도 같은 방식으로 전염될 수 있음을 밝혔고, 이것들을 전염성 해면상 뇌증◆이라고 명명했다.

침팬지를 이용한 실험은 침팬지를 입수하기 힘들고, 입수한다 해도 '동물 복지'라는 이유로 비난받을 수 있었다. 하지만 여러 종류의 원숭이가 사육되는 영장류 연구 센터에서는 그런 제약 없이 실험할 수 있었다. 가이듀섹은 다양한 종의 원숭이에게 쿠루병이나 크로이츠펠트 – 야코프병 환자의 뇌의 유제를 접종했다. 그가 실험에 동원된 원숭이 수는 약 1,500마리에 달했다고 한다. 그중에는 SIVsm의 숙주인 검댕맹거베이도 있었다.

아프리카에서 포획한 검댕맹거베이에서는 여러 유전자계열 SIVsm이

◆ | '해면상'은 뇌에 많은 공간이 존재하는 상태를 말한다. '뇌증'은 마치 등 뇌염과 같은 증상이 있는데 뇌 조직에는 염증이 보이지 않는 병변을 말한다. 가이듀섹은 이 업적을 인정받아 1976년에 노벨 생리의학상을 받았다. 전달성 해면상 뇌증은 현재 프리온병이라고 불린다.

발견되었다. 그중 캘리포니아 지역 영장류 센터의 검댕맹거베이에서 분리된 SIVsm과 붉은털원숭이의 SIVmac는 염기 서열이 98퍼센트 일치했다. 이것으로 보아 검댕맹거베이에서 붉은털원숭이가 옮긴 것이 틀림없다고 생각된다. 다만 실험적으로 접종했는지 아니면 접종할 때 재료에서 섞여서 유입된 것인지는 확실하지 않다.

또한, 1960년대에 검댕맹거베이에서 분리된 SIVsm은 붉은털원숭이게 접종해도 독성이 거의 나타나지 않았다. 그 점에서 쿠루병의 샘플을 붉은털원숭에서 계대했을 때 SIVsm도 동시에 계대되어서 에이즈와 같은 증상을 일으키는 강독 바이러스가 되었다고 추정된다.

침팬지의 원숭이면역부전바이러스가 인간면역부전바이러스로 모습을 바꾼 최대 요인은 인구 증가와 함께 원숭이의 서식지인 열대 우림에 인간이 침입해 원숭이와 인간의 접촉 기회가 증가한 것에 있다. 그리고 약물 주사, 혈액 제조 주사, 성행위 등 다양한 경로로 바이러스가 인간들 사이에서 계대되어 독성을 획득했다고 생각된다. 여기서 소개한 프리온병 실험을 매개체로 해서 일어난 SIVsm → SIVmac의 진화는 원숭이면역부전바이러스 → 인간면역부전바이러스 진화의 축소판이라고 말할 수 있다.

가축이든 애완동물이든 또는 실험동물이든 인간 사회에서 자연계와는 달리 빈번하게 접촉이 일어날 수 있는 사육 환경을 마련하는 것은 바이러스에게 신천지로 진출할 기회를 제공했다는 뜻이다. 그중 가장 두드러진 예이자 인간에게도 이를 드러내며 으르렁대는 것이 신형 인플루엔자바이러스다.

양계가 만든 신형 인플루엔자바이러스

일본에서도 고^高병원성 조류 인플루엔자바이러스에 감염된 닭을 살처분했다는 기사를 종종 볼 수 있다. '고병원성'은 75퍼센트 이상의 닭을 죽이는 강한 독성을 가리키는 이름으로 '조류 인플루엔자'라는 이름에서 알 수 있듯 인간에 대한 독성이 아니다. 또 고병원성 조류 인플루엔자는 **제2장**에서 말했듯이 처음에는 가금 페스트라고 불렸다.

인플루엔자바이러스 입자의 표면에는 헤마글루티닌Hemagglutinin, HA과 뉴라미니다아제Neuraminidase, NA라는 두 단백질이 존재한다. H에는 18종, N에는 11종이 있으며 그것의 조합으로 바이러스가 분류된다. 보통, 인간들 사이에서 유행하는 것은 H1N1이고 고병원성 조류 인플루엔자바이러스는 H5N1이다.

그런데 H5N1 바이러스가 인간에 대한 신형 인플루엔자를 일으킬 우려가 있다고 해서 주목받고 있다.

1997년 5월, 홍콩에서 H5N1 바이러스에 의한 사람의 감염이 처음으로 일어나, 18명의 감염자가 확인되고 그중 6명이 사망했다. 이것은 전

년에 중국 남부의 광둥성에서 많은 타조의 사망을 유발한 바이러스로 생각된다. 홍콩 정부가 같은 해 12월까지 150만 마리 이상의 닭을 살처분하자, H5N1 바이러스 유행이 멈추었다.

그 뒤에도 이 바이러스는 중국의 닭에서 산발적으로 일어났다. 2003년 말에는 베트남에서 3명의 사망자가 나왔다. 2006년에는 닭의 H5N1 감염이 아시아, 유럽, 아프리카의 60개국 이상으로 퍼졌고 인도네시아에서는 45명의 치사적 감염이 나왔다. 세계 보건 기구는 신형 인플루엔자 발생 염려가 있다고 경고 단계를 4단계(지속적인 인간 대 인간 감염)로 올릴 것을 검토했다(실제로 단계를 올리진 않았다). 그 뒤 인간에게 치사적 감염이 산발적으로 일어나 1997년 5월~2015년 4월까지 707명이 발병했고, 치사율은 50퍼센트가 넘었다. 그러나 인간에서 인간으로 직접 감염되는 바이러스로 변하지 않았다.◆

다양한 숙주를 넘나드는 교묘한 생존 전략

H5N1 바이러스는 야생 오리와 가축인 집오리, 닭을 숙주로 삼으며 숙주는 각각 바이러스의 유지와 증식에 대해 다른 역할을 한다. 이 바

◆ | H5N1 바이러스와는 별도로 H7N9바이러스의 사람에 대한 감염이 2013년 3월부터 중국에서 일어났다. 2018년 9월까지 1,567명이 감염돼 최소 615명이 사망했다. 이 바이러스는 원래는 저低병원성이었지만 헤마글루티닌의 유전자에 변이가 일어나 고병원성으로 변화했다. 도쿄대학 의과학 연구소의 가와오카 요시히로河岡 義裕 연구팀은 이 바이러스가 흰담비에서 비말을 매개체로 치사적 감염을 일으키는 것을 밝혔다. 세계 보건 기구는 2018년 9월 시점에서는 H7N9 바이러스가 인간에서 인간에게 감염을 일으킬 가능성은 낮은 편이지만 감시를 강화해야 한다고 제안했다.

이러스는 현대 사회가 아니면 불가능하고 대단히 정교한 생존 전략을 펼친다.(9)

야생 오리와 같은 물새는 인플루엔자바이러스의 자연 숙주다. 물새는 많은 종의 바이러스를 가지고 있어 인플루엔자바이러스의 '저장고'라고 해도 될 정도다. 홋카이도대학의 수의학자 기다 히로시喜田 宏 연구팀은 1991년부터 9년 동안 야생 오리가 번식하는 여름에 알래스카 호수와 늪에서 야생 오리를 조사했다. 그 결과 야생 오리와 인플루엔자바이러스 사이에 교묘한 공생 관계가 존재한다는 것을 밝혀냈다.

인플루엔자바이러스는 인간에게 호흡기 감염을 일으키지만, 야생 오리는 바이러스가 창자에서 증식한다. 바이러스는 오리의 창자에서 단기간(일주일 정도) 증식했다가 분변과 함께 호수로 배출한다. 그러면 그 물을 매개체로 경구 감염된다. 가을에 야생 오리가 남쪽으로 날아간 뒤에도 바이러스는 얼어붙은 호수에서 다음 해까지 살아남는다.

바이러스는 오리 창자에서의 급성 감염으로는 항체에 영향을 거의 받지 않기 때문에 그 항원성은 안정되어 있다. 이 급성 감염과 동결 보존이라는 사이클에 의해 인플루엔자바이러스는 변이를 거의 일으키지 않고 생존할 수 있었다.(10)

이러한 야생 오리와 인플루엔자바이러스의 공생 관계는 언제부터 시작되었을까? 2018년, 인플루엔자바이러스는 원구류인 먹장어◆에서도 발견되며 생물의 기나긴 진화 과정에서 이어져 왔다는 것이 보고되었다.(11) 조류와 파충류의 분기에서 더욱 1억 년 이상 전에 오리의 선조와 인플루엔자바이러스의 공생이 시작되었을지도 모른다. 아무튼 대단히 긴 세월의 공생 관계 속에서 야생 오리는 인플루엔자바이러스의 저장고가 되었다.

야생 오리와 평화롭게 공존했던 바이러스가 왜 닭에게는 강한 병원성을 갖게 했을까? 20세기 말부터 H5N1 바이러스가 유행한 배경으로 과거 30년간의 중국의 급성장이 그 원인이다. 중국에서 닭과 오리의 식육 수요가 급격히 증가하면서 동아시아의 다른 나라보다 훨씬 빨리 늘어났다. 1961년에 100만 톤 이하였던 닭고기 생산량은 2009년에는 1,200만 톤으로, 또 10만 톤 이하였던 오리고기의 생산량은 300만 톤으로 증가했다. 강한 증상을 나타내지 않고 H5N1 바이러스를 흩뿌리는 오리의 사육 개체 수가 늘어나는 것은 닭에게 바이러스를 전파하고 지속하는 데 일조한 셈이다.(12)

야생 오리는 가을이 되면 겨울을 나기 위해 남쪽으로 이동한다. 중국에서는 약 140억 마리의 닭이 주로 방목 사육되며 그곳에서 오리도 다수 사육된다. 오리는 야생 오리가 가축화된 것이므로 날아온 야생

◆ | 먼 장어라는 의미로 먹장어라 부르고, 먹장어를 불에 구울 때 꼼지락거린다고 해 꼼장어라 부르게 되었다고 한다. 사람들은 먹장어보다 꼼장어로 더 많이 부른다.

오리는 오리 주변에 모여든다. 이때 야생 오리가 오리에게 인플루엔자바이러스를 전파한다. 그리고 오리가 닭에게 바이러스를 전파한다. 닭에게 인플루엔자바이러스는 친숙하지 않은 이물질이므로 항체가 생성되어 바이러스를 배제하려 한다. 항체의 억압을 받은 바이러스는 독성을 강화해 높은 확률로 닭을 죽게 한다. 그렇게 되어도 사육당하는 닭의 수가 많아 바이러스가 증식하는 장이 되는 닭은 끊임없이 공급되는 셈이다.

H5N1 바이러스는 가축 오리에 대해서는 독성이 낮고 닭에 대해서만 강한 독성을 띤다. 2003년부터 2004년에 걸쳐 유행한 바이러스를 집오리에게 접종했는데, 대부분 오리는 죽지 않았고 오리들끼리 바이러스만 전파되었다.(9) 야생 오리가 바이러스의 '안정 저장고'라고 한다면 오리는 바이러스의 '중계 장소', 닭은 변이바이러스의 '개발 공장'이라고 할 수 있다.

중국에서는 약 60퍼센트의 닭이 농촌의 작은 농가 앞마당에서 사육된다. 그리고 시장에서 살아 있는 닭을 사고판다. 그래서 인간과 닭은 끊임없이 접촉한다.

야생 오리 사이에서 수천만 년 동안 평화롭게 지냈던 인플루엔자바이러스는 20세기에 야생 오리 → 오리 → 닭 → 인간이라는 예상치 못한 경로를 발견해서 인간의 신형 인플루엔자바이러스로 탈바꿈한 것이다.

현재 우리 주위에 존재하는 바이러스 중 상당수는 아마도 수백만 년에서 수천만 년에 걸쳐 숙주 생물과 평화롭게 공존했을 것이다. 바이러스에게 인간 사회는 기나긴 역사 속의 짧은 한때에 지나지 않는다. 그러나 겨우 수십 년 만에 바이러스는 인간 사회에서 여태까지 경험하지 못한 여러 가지 압박을 받게 되었다. 지금 이 시대는 바이러스에게도 변화무쌍한 세상이라 할 수 있다.

돼지 콜레라 - 우수한 백신이 있는데 왜 살처분 당할까?

2018년 9월, 갑자기 일본에서 돼지 콜레라가 발생해 5백여 마리가 모두 살처분되었다. 일본에서 26년 만에 발생한 질병이었다.

나는 1950년대에 기타사토 연구소에서 불활화 돼지 콜레라 백신 제조팀에 참여했었다. 기후에서 돼지 콜레라가 발생했다는 뉴스를 듣고 독성이 강한 바이러스를 접종해 고열로 누워있던 돼지들의 모습이 선명하게 떠올랐다.

돼지 콜레라는 일본에서 1887년에 처음 발생했다. 1908년에 오키나와와 관동 지역에서 일어난 대발생에서 2만 마리 이상이 이 병에 걸렸고, 전쟁이 끝난 후에도 매년 5천~2만 5천 마리가 발병하는 등 길고 중대한 가축 전염병으로 맹위를 떨쳤다.

이 병은 근년 들어 26년간 발생하지 않았으므로 세상에서 완전히 잊혔다. 그러나 돼지 콜레라는 구제역과 함께 지금도 엄격한 침입 방지 대책이 정해진 해외 전염병이다. 하지만 발생 경위를 살펴보니 관계자들도 그 점을 까맣게 잊어버린 듯했다.

돼지 콜레라는 현대 사회에서의 인간, 가축, 바이러스의 관계를 다시 생각하게 해주는 사례라 할 수 있다. 먼저 어떤 병인지 살펴보자.

돼지 콜레라라는 병명은 미국에서 사용하는 명칭Hog cholera이고, 독일에서는 돼지페스트Schweinepest로 불린다. 원인은 플라비바이러스과 페스티바이러스Pestivirus속인 RNA 바이러스다.◆ 페스티는 라틴어의 페스트에서 유래한다. 이 병은 돼지에게 위험하고, 고열, 설사, 피부 점상 출혈을 일으킨다. 이른바 '돼지의 에볼라 출혈열'이다. 바이러스는 야생 멧돼지에 잠복해 있다가 19세기부터 돼지로 감염을 일으켰다. 근대 양돈 산업에서 돼지 품종 개량을 하면서 돼지콜레라바이러스에 대한 돼지의 감수성感受性이 강해지고, 양돈에 큰 피해를 주었다.

앞에서도 말했듯 나는 1950년대에 불활화 돼지 콜레라 백신 제조팀에도 참여했다. 이 백신은 연합군 최고사령부GHQ 지시로 도입했고, 바이러스가 다량 함유된 돼지의 혈액을 약제로 불활화하고 있었다.

◆ 자주 혼동하는 것이 다른 DNA 바이러스에 의한 아프리카 돼지 콜레라다. 이 바이러스는 원래 아프리카에서만 발생했는데, 21세기에 러시아 주변국으로 확산되어 2018년 8월 중국과 동아시아에서 처음으로 발생했다. 학술명은 각각 아프리카돼지 콜레라가 African swine fever, 돼지 콜레라는 Classical swine fever이다.

일본에서 백신 개발은 1958년에 가축 위생 시험장(현 농연 기구 동물 위생 부분)의 구마가야 데쓰오熊谷 哲夫가 배양 세포의 돼지 콜레라바이러스의 독특한 성질을 〈사이언스〉 지에 기고한 것에서 시작했다. 이 연구로 안전성과 유효성을 갖춘 우수한 생백신이 개발됐고, 1969년부터 백신 접종을 했다. 그 뒤 돼지 콜레라의 발생은 급감했고 1992년 구마모토현에서의 사례를 마지막으로 발생하지 않았다. 그 뒤 농림 수산성은 1996년부터 백신을 이용하지 않는 방역 체제를 목표로 돼지 콜레라 박멸 계획을 추진했다. 왜 백신을 이용하지 않을까? 백신을 접종한 개체는 자연 감염된 개체와 구별되지 않으므로 백신을 접종하는 한 바이러스가 존재하지 않는다는 것을 입증할 수 없다. 그런 이유로 2006년에는 백신 접종이 완전히 중지되었고 2007년에 세계 동물 보건 기구에서 일본은 돼지 콜레라 청정국으로 인증받았다.(13)(14)

그런데 이번에 돼지 콜레라가 발생해 일본은 청정국이라는 지위에서 내려와야 했다. 또 돼지고기를 수출할 수도 없게 되었다. 그 뒤 야생 멧돼지가 감염되었다는 보고도 나왔다. 과거 박멸 계획이 한창이었던 때, 1962년에도 쓰쿠바 산기슭에서 한 마리의 다 죽어가는 멧돼지가 돼지 콜레라에 걸린 것이 확인되어, 2,500만 마리의 멧돼지를 대상으로 항체를 조사한 적이 있다. 그래서 청정국으로 복귀할 전망은 불투명하다.

돼지 콜레라바이러스는 돼지고기 등의 축산물 수입, 여행자에 의한 축산물의 불법 유입 등을 거쳐서 침입한다. 돼지 콜레라바이러스는 실온에서는 2~3일, 5도에서는 몇 주간 생존한다. 냉동 고기에서 4년 반 살아 있었던 예도 있다. 일본에서 돼지 콜레라가 확인되기 전, 35개국의 청정국 중 아시아에서는 일본이 유일했다. 이번에 분리되었던 바이러스의 유전자 구조는 2014년에 몽골에서, 또 2015년에 중국에서 각각 분리된 바이러스와 비슷하다. 즉 일본의 양돈 산업은 실은 대단히 위험한 상태에서 4반세기 동안 무사히 진행된 것이다.

유럽 연합은 1990년부터 박멸 프로젝트를 수행했다. 1997년, 네덜란드에서 돼지 콜레라가 발생했다. 당시 감염된 돼지는 극히 일부였지만, 900만 마리의 돼지가 살처분되어 직접적인 피해 금액으로 23억 달러에 달했다. 동물이나 동물 복지라는 관점에서 보면 이렇게 무차별적 살처분은 바람직하지 않다. 그래서 세계 동물 보건 기구의 국제 동물 위생 규약은 감염과 백신 접종을 감별할 수 있는 마커 백신 접종 방식을 선택했다.

자연 감염은 바이러스 입자의 내부 단백질에 대한 항체가 생성되지만, 마커 백신으로는 생성되지 않는다. 그러므로 자연 감염에 의한 항체와 마커 백신에 의한 항체를 구별할 수 있다. 즉 청정국에서 돼지 콜레라가 발생했을 때는 긴급 백신 접종을 한 뒤, 내부 단백질에 대한 항체가 양성인 동물만을 살처분해서 청정국으로 복귀할 수 있다는 것이다.

현재 유럽 연합에서 개발된 두 종류의 마커 백신이 있다.(7)

하나는 네덜란드에서 개발된 돼지 콜레라바이러스의 피막(외피) 단백질만의 백신이다. 또 하나는 독일에서 개발한 것으로 소바이러스성 설사 바이러스Bovine Viral Diarrhea Virus, BVDV의 생백신의 외피 단백질을 돼지 콜레라바이러스의 외피 단백질로 치환한 키메라 백신이다. 두 종류의 바이러스는 모두 페스티바이러스속에 속한다.

그 외 중국의 CChinese 포기 백신으로 유전자 구조의 차이를 검출하는 PCR법Polymerase Chain Reaction, 중합 효소 연쇄 반응에 의해 야외바이러스와의 감별이 검토되고 있다.◆ 이것은 1950년대 후반에 하얼빈 수의 연구소와 중국 수의 약품 관찰국에 의해 개발된 장어순화생백신에서 세계 각국에서 널리 이용되고 있으며 2000년대 초부터는 유럽 연합에서 야생 멧돼지에 대해 먹이에 섞어 투여하는 대책이 강구되고 있다.(15)(16)

또 미국은 독일의 키메라 백신(마커 백신)과 중국의 C주 생백신(통상적인 백신)을 비축해 놓았다고 한다.

많은 나라에서 바이러스가 지속해서 존재한다. 그럼에도 내 나라에서는 바이러스가 존재하지 않음을 입증해 '청정국'으로 인증 받고 무역에서 우위를 얻기 위해 백신 접종을 중단한다. 현대 사회가 낳은 양돈

◆ **9장**에서 소개했듯이 하얼빈 수의 연구소는 설립 당시부터 장어에 순화한 우역의 나카무라 백신을 주요 과제로 삼고 있었다. C주 백신은 나카무라 백신을 따라서 개발한 것으로 추정된다.

사회는 '경제가 우선'이라는 과학적으로는 이해하기 어려운 취약한 기반 위에 성립한다.

변화무쌍한 지카바이러스의 정체를 밝히는 첨단 과학

2015년 4월, 브라질 북동부의 대서양에 면한 바이아주^{Bahia州}에서 인플루엔자와 같은 증상이 나타난 뒤, 발진이나 관절통을 일으키는 환자가 약 5백 명 정도 발견되었다. 환자들은 유전자 진단을 통해 지카바이러스^{Zikavirus}에 감염되었다는 것이 밝혀졌다.

같은 해 가을, 소두증 신생아 출산율 상승이 눈길을 끌었다. 이 아이들의 엄마들은 임신 초기에 지카바이러스에 감염됐었다. 그래서 소두증은 지카바이러스 감염에 의해 일어난 것이 아닐까 추정되었다. 2016년 1월, 세계 보건 기구는 브라질에서 지카바이러스에 걸린 사람이 50만 명~150만 명에 달할 가능성이 있다고 발표했다. 또 브라질 보건성은 소두증의 총계가 3,530건으로 증가할 것이라고 발표했다. 이 발표를 듣고 2월, 세계 보건 기구는 '국제적으로 우려되는 공중위생상 긴급 사태'라는 성명을 냈다.

지카바이러스는 지극히 교묘한 생존 전략으로 수백만 년이나 조용히 아프리카의 삼림에서 살아 있다 갑자기 태아를 덮쳤다. 그러나 21세기에 현저히 발전한 바이러스학, 백신학, 게놈 과학은 기존의 감염증 대책과는 비교할 수 없을 정도로 빨리 지카바이러스에 대처했다. 첨단 과학은 어디까지 지카바이러스를 몰아낼 수 있을까?

단 하나의 아미노산이 변이로 변신했다?

1947년, 미국 록펠러 연구소의 황열 조사팀이 동아프리카의 우간다, 엔테베Entebbe 교외의 지카라는 숲에서 황열 분포를 조사하기 위해 몇 마리의 붉은털원숭이를 잡아 우리에 가두었다. 그러자 그중 한 마리에서 열이 나더니 그 혈액에서 바이러스가 분리되었다. 분리된 바이러스는 황열 바이러스가 아닌 새로운 바이러스여서 1952년 지카바이러스라고 명명되었다.

지카바이러스는 인간도 감염시키는데 80퍼센트는 무증상으로 끝나고 20퍼센트의 사람에게 발열, 발진, 두통, 결막염, 근육통, 관절통 등 이른바 지카열 증상이 일어난다. 증상은 가벼운 편이 보통은 이틀에서 일주일이면 회복한다. 또 길랭바레 증후군Guillain-Barre syndrome, 팔다리 근력 저하를 일으키는 급성 신경염을 일으킬 가능성이 제기되었다.

2013년부터 14년에 걸쳐 프랑스령 폴리네시아Polynesia에서 지카바이러스가 대유행해 약 3만 명이 감염되었다. 폴리네시아에서 분리된 바이러스는 앞서 말한 2015년에 브라질에서 분리된 지카바이러스와 유전자 염기 서열이 99퍼센트 일치했다. 바이러스 유전자의 변이 속도를 고려한 결과, 2015년 브라질의 바이러스는 2013년 봄에서 연말에 걸쳐 폴리네시아에서 브라질로 유입되었을 것이라고 추정된다.(1)

소두증의 원인을 규명하기 위해 과학자들은 신속하게 움직였다. 먼저 인간의 유도만능줄기세포(iPS)를 분화시켜 대뇌피질의 전구 세포前驅細胞, 세포가 완전한 형태를 갖추기 전 단계의 세포를 만든 다음 지카바이러스를 접종했더니, 세포 증식이 억제되었다(2016년 5월에 보고).(2) 2017년, 임신한 원숭이에게 바이러스를 접종해 초음파 에코로 관찰했더니 태아의 뇌 발육이 늦어지는 것을 확인할 수 있었다.(3) 지카바이러스에 걸린 임신한 여성의 태아는 두개골 발달이 늦어지는 것이 초음파 진단을 통해 밝혀졌고, 신생아의 뇌나 출산 뒤 태반에서 지카바이러스 RNA가 검출되었다. 이런 증거를 바탕으로 소두증은 지카바이러스가 태아에게 감염해 생긴 일이라는 점이 입증되어, 선천성 지카 증후군이라고 불리게 되었다.(4) 세계 보건 기구가 긴급 성명을 낸 지 1년 만에 그 병의 원인을 확정한 것이다.

어떻게 갑자기 브라질에서 소두증이 나타났을까?

지카바이러스는 아프리카형과 아시아형의 2가지 유전자형이 있으며 폴리네시아나 브라질의 바이러스는 아시아형이었다. 그래서 대표적인 아시아형바이러스로, 캄보디아에서 2010년에 분리된 바이러스를 채택해 브라질의 바이러스의 게놈과 비교했다. 그랬더니 브라질 바이러스에서는 바이러스 입자의 피막(외피)단백질의 전구체 영역에 있는 아미노산 중 하나가 세린Serine에서 아스파라긴Asparagine으로 전환되어 있었다. 이렇게 아미노산이 치환된 바이러스를 쥐의 태아에 접종하자, 뇌의 피질이 얇아지는 등 소두증 특유의 병변이 보였다. 한편 치환이 없는 바이러스를 접종하니 소두증의 병변이 나타나지 않았다.(5) 즉 하나의 아미노산이 변이한 결과, 지카바이러스가 소두증을 일으키게 되었을 가능성이 있었다.

지카바이러스의 원 주거지는 숲이다

지카바이러스는 아프리카의 열대 우림에서 원숭이와 모기를 왔다 갔다 하며 수백만 년간 생존했다. 모기가 바이러스를 가진 원숭이의 피를 빨아먹으면 바이러스가 모기의 체내에 유입되어 중장소화관의 일부이며 인간의 위에 해당이나 침샘에서 증식한다. 모기의 타액을 매개로 바이러스는 다른 원숭이에게 전파된다. 바이러스는 모기알에도 들어 있으며, 건조 상태인 알에서 몇 개월 동안 살 수 있다. 물을 만나면 알이 부화해 바이러스를 가진 모기가 태어나고 원숭이에게 바이러스를 전파한다. 이 전파 방식을 '삼림형 사이클'이라고 하는데, 원숭이는 바이러스의 증폭 동물이고 모기는 매개체(벡터)이다.

이 바이러스가 인간에게 전파된 것은 인간이 삼림에 들어갔기 때문이다. 먼저 인간이 삼림에서 바이러스를 가진 모기에게 물려 감염된 뒤 마을로 돌아간다. 그러면 마을에서는 원숭이 대신 인간이 증폭 동물이 되어 인간과 모기 사이에서 도시형 사이클에 의한 바이러스 전파가 일어난다. 또한 인간은 성행위로도 바이러스가 전파된다[그림 19].

2015년, 브라질에서는 엘니뇨에 의한 폭우와 홍수가 반복되면서 모

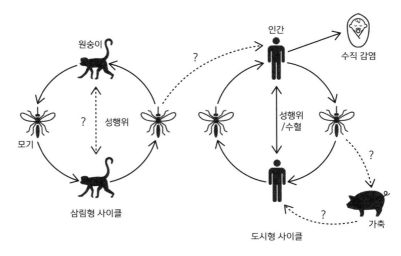

[그림 19] 지카바이러스의 두 가지 전파 사이클

기가 엄청나게 번식했다. 이것이 브라질에서 지카바이러스가 유행한 중요 원인으로 작용했다.

급속히 진전하는 백신 개발

백신학은 20세기 말부터 급속히 진전했다. 그 혁신적 기술이 결집해 지카 백신이 빠른 속도로 개발됐다. 이미 세계 보건 기구의 목록에는 약 45종류의 지카 백신 후보가 기록되었다. 대부분 동물 실험 단계이지만 인간을 대상으로 한 임상 시험까지 진행된 것도 있다.(6)

특히 DNA 백신 개발이 진행 중이다. 이것은 분리한 바이러스의 유전 정보 데이터베이스를 근거로 백신으로 작용하는 바이러스 단백질의 DNA를 설계·구축하여 플라스미드Plasmid에 삽입한 것이다. 플라스미드는 세포 속에서 자율 증식하는 이중 나선 DNA이며, 대장균에서 대량 생산할 수 있다. DNA 백신의 장점은 바이러스 자체를 이용하지 않는 백신이라는 것이다. 또 새롭게 출현하는 바이러스에 대해 단시일 내에 백신화할 수 있다. 매년 인플루엔자바이러스의 백신이 닭의 알을 사용해서 시간을 들여 제조되는 것을 생각하면 혁신적인 기술이라고 할 수 있다.

세계 보건 기구가 긴급 성명을 발표한 지 반년 뒤, 두 종류의 DNA 백신(미국 국립 위생 연구소)의 백신 연구 센터가 개발한 백신과 미국 위스터 연구소와 미국 이노비오사가 공동 개발한 백신)에 관해 임상 시험이 시작되었다. 모두 지카바이러스 입자의 외피 단백질의 일부를 암호화하는 DNA를 백신으로 한 것이다. 근육 내에 주입된 DNA는 세포 내에서 외피 단백질로 번역되어 면역계를 자극해 항체를 생성시킨다.

이렇게 DNA 백신은 이상적인 백신으로 기대된다. 다만 2018년 8월 시점에는 2005년에 말을 대상으로 한 웨스트 나일 바이러스^{West Nile virus} 백신이 승인되었을 뿐, 앞서 말한 지카바이러스에 대한 백신도 포함해, 인체용으로 승인된 것은 아직 하나도 없다.

한편 유럽 연합에서는 DNA 백신이 아닌 다른 기법으로 삽입한 벡터 백신을 임상 시험 중이다.

바이러스 매개 모기를 표적으로 한 대책

지카바이러스는 이집트숲모기나 흰줄숲모기^{Aedes albopictus, 뎅기열바이러스를 전파함 - 옮긴이 주} 등의 각다귀속^屬 모기에 의해 매개된다. 그때 모기에게 지카바이러스에 대한 저항성을 주어서 바이러스 증식을 억제하거나 모기의 번식을 막는 시도가 이루어지고 있다. 이런 기술은 원래는 지카바이러스와 같은 플라비바이러스^{Flavivirus속屬} 뎅기열바이러스^{Dengue virus}

◆ | 뎅기열바이러스는 100여 개국 이상에서 매년 4억 명이 감염된다. 이미 50만 명이 중증 뎅기출혈열을 일으켰고 2만 명 이상 사망했다.

대책으로 개발되었던 기술이다.◆

바이러스와 평화롭게 공존했던 모기에서 어떻게 하면 바이러스 저항성을 띠게 할 수 있을까? 곤충의 내부 기생균인 볼바키아Wolbachia에 감염시킨 이집트숲모기는, 중장에서 뎅기열바이러스 증식이 억제되므로 타액에서 바이러스가 전혀 검출되지 않는다. 지카바이러스 증식도 같은 방식으로 억제할 수 있음을 알게 되어 오스트레일리아의 모내시대학교Monash University의 의료 곤충학자 스콧 오닐Scott O'Neill 박사는 암컷 이집트숲모기에게 볼바키아를 감염시켜 방출하는 방법을 개발했다.(7) 볼바키아는 난소에 감염해 알을 통해 다음 세대에 전달된다. 감염된 암컷을 10주간 야외에 풀어놓은 결과, 볼바키아는 모기들에게 정착했다.

2011년 이래 뎅기열바이러스 대책으로 세계 5개국 이상에서 볼바키아에 감염된 모기를 야외에 풀어놓았고, 이것은 효과가 있었다. 지카바이러스의 증식도 억제된다는 사실이 밝혀졌으므로 환경에 미치는 영향을 걱정하지 않아도 되었다. 이 결과를 근거로 세계 보건 기구는 이 모기의 방출 작전을 추진하고 있다.(8) 앞서 말했듯이 볼바키아는 수직 감염으로 전파되기 때문에 이론적으로는 세대를 거치면서 모든 모기가 볼바키아 감염 모기로 바뀐다.

그 외에도 바이러스가 아닌 바이러스 매개 모기를 표적으로 한 다양한 방법이 개발되고 있다. 영국 옥스퍼드대학교Oxford University가 설립한 바이오기술 회사인 옥시텍^{Oxitec}은 우성치사유전자를 삽입한 이집트숲모기를 만들었다. 이 모기의 단백질 합성을 조절하는 유전자에 변이가 일어나 정상 세포의 기능 유지에 필요한 단백질의 생산이 무제한 이루어지기 때문에 배아가 자라지 못하고 죽어 버린다. 이 유전자 변형 모기를 죽이지 않고 증식하게 하려면 항균 약인 테트라사이클린^{Tetracycline}을 섞은 먹이를 주면 된다. 항균 약이 치사유전자의 작용을 저지하기 때문에 이 먹이를 먹는 한 모기는 죽지 않고 번식한다. 이 유전자 변형 모기에는 형광 색소 유전자도 주입되었으므로 형광 현미경으로 관찰하면 유전자 변형 모기를 식별할 수 있다.(9) 이 유전자 변형 모기가 자연계에 방출되면 모기는 유전자 변형 모기가 아닌 경우에만 자손을 남길 수 있으므로 개체 수가 줄어들 것으로 예상한다.

또 매사추세츠공과대학교 케빈 에스벨트^{Kevin Esvelt}는 게놈 편집 기술을 이용해 유전자 드라이브^{Gene drive}라는 기술을 고안했다. 이것은 DNA 절단 효소인 Cas9과 편집하고자 하는 게놈 영역에 Cas9을 이끄는 안내 RNA를 직접 게놈에 삽입하여 유전자를 바꾼다. 일반적인 게놈 편집 기술로 변화된 유전자는 두 가닥 염색체의 한쪽에만 삽입되기 때문에 다음 세대에는 50퍼센트의 확률로만 이어진다. 그러나 유전자 드라이브의 경우에는 한쪽에 삽입된 안내 RNA와 Cas9가 바뀌지 않은 쪽의 염색체도 바꾸기 때문에 다음 세대의 모든 개체에 변형 유전자가 이어진다.

모기 한 마리에 유전자 드라이브 기술을 적용하면 유전자 변형이 차례차례 이어져 언젠가는 종 전체로 확산될 것이라 기대된다.(10)

이 기술은 이론적으로는 종에 대해 무척 큰 영향력을 지닐 수 있다. 만약 수컷 모기를 불임으로 만드는 유전자를 이 기술로 삽입한다면 그 종을 절멸할 수 있다. 그러므로 유전자 드라이브 기술의 적정성은 뜨거운 감자다. 이런 상황에서 지카바이러스 대책으로 이집트숲모기 등의 매개 모기에 유전자 드라이브를 응용하는 연구가 진행 중이다.

유전자 드라이브는 궁극적 대책이자 바이러스 매개 모기를 절멸시키는 것도 이론상으로는 가능하다. 그러나 설령 이집트숲모기를 절멸시켜도 자연계에는 3,500종 이상의 모기가 서식한다. 바이러스는 다른 모기로 증식 사이클을 유지할 것이다.

지카바이러스와의 투쟁은 앞으로 혁신적 기술의 도움을 받아 바이러스와 공생의 길을 걷는 인류 미래의 한 부분을 나타낸다고 할 수 있다.

후기

나는 반세기 넘게 연구자로 살면서 바이러스학이 비약적으로 발전하는 모습을 여러 번 마주했다.

내가 바이러스와 만난 것은 1952년, 오치 유이치越知 勇一 교수가 주재하는 도쿄대학東京大學 농학부 수의축산학과 가축 세균학 교실(현 수의미생물학 연구실)에 들어갔을 때였다. 그곳에서는 주로 세균을 연구했는데, 쥐를 이용한 바이러스 실험도 했다. 이듬해 1953년, 제1회 일본 바이러스학회 총회가 열렸다. 그때까지 바이러스는 세균학회의 일부로 다루어졌다. 오치 교수는 이 학회 발기인 중 한 명이었으며, 제2회 총회 회장을 역임했을 때는 나를 비롯한 학생들이 준비와 운영을 도왔다.

1956년, 나는 오치 교수 소개로 기타사토 연구소에 들어갔다. 여기서는 다양한 바이러스 백신을 제조했고, 내가 처음 맡은 업무는 소를 이용한 천연두 백신과 유정란을 이용한 계두(닭의 천연두) 백신을 만드는 일이었다. 한편으로 세계 보건 기구의 천연두 근절 프로젝트에 참여하기 위해 국립 예방 위생 연구소(현 국립 감염증 연구소)와 일본 BCG 연구소의 젊은 연구자들과 함께 내열성 천연두 백신 개발에 몰두했다.

1961년부터는 풀브라이트 장학금Fulbright scholarship을 받아 캘리포니아 대학교에서 당시 미국에서 문제가 된 돼지 폴리오바이러스의 병원성에 대해 연구했다. 여기서 처음으로 배양 세포에 의한 바이러스 실험 기술을 배웠다.

1965년부터는 예방 위생 연구소 홍역바이러스 부서에서 홍역바이러스와 모델로 삼은 우역바이러스에 관해 연구했다. 두 바이러스의 연구는 1980년대, 도쿄대학 의과학 연구소에서도 연구를 계속했다. 그것은 마침 유전자 변형 DNA 기술이 바이러스 연구에 도입된 시절이었다. 우역바이러스 연구에서는 내열성 천연두 백신 개발 경험을 살려서 천연두 백신을 매개로 한 변형 우역 백신을 개발했다. 1992년에 은퇴한 뒤, 나카무라 준지 박사가 창립한 일본 생물 과학 연구소에서 유전자 변형 우역 백신 연구를 계속했다.

2010년, 유엔 식량 농업 기구 로마 본부에서 우역 근절을 확인하는 전문가 회의에 참여해 내 소개를 할 기회가 있었다. 거기서 천연두와 우역 양쪽의 근절에 참여한 경험이 있는 사람은 나밖에 없었다. 생각해 보니 바이러스 연구를 한 지 오십여 년이 지나 있었다. 이처럼 나는 바이러스학의 역사상 중요한 여러 국면을 겪었다. 다만 그 대상은 어디까지나 사람이나 가축이 병에 걸리게 하는 병원체 바이러스로 한정되어 있었다.

은퇴했을 무렵부터 그저 병원체만이 아닌 생명체로의 바이러스에 관한 연구가 진전을 보이기 시작했다. 나는 이 새로운 바이러스 분야에 빠졌고, 내가 쓴 책에서 바이러스의 생태를 중심으로 한 정보를 발신했다.

2017년 2월, 미스즈쇼보 출판사^{みすず書房}의 이치다 아사코^{市田 朝子} 씨에게 '바이러스 의미론'에 관한 원고 집필을 청탁받았다. 그때 지구에서 우리와 함께 사는 바이러스의 생명사史를 살펴보기로 했고, 〈미스즈^{みすず}〉 지에서 12회에 걸쳐 '바이러스와 함께 살다'를 연재했다. 이 책은 이 연재한 원고를 수정·첨삭한 것이다.

이 책에는 친구인 프레더릭 머피, 토마스 배럿과 지인인 프리드리히 다인하르트, 도널드 헨더슨, 월터 프로라이트, 대니얼 칼턴 가이듀섹, 맥스 아펠도 나온다. 이미 많은 이가 세상을 떴지만, 이 책의 집필은 그들과의 교류를 회상하면서 나 자신의 반세기를 넘는 연구자의 길을 돌아보는 귀한 기회였다.

이 책을 집필하면서 하야미 마사노리^{速水 正憲} 박사, 가이 지에코^{甲斐 知}

惠子 박사, 다케다 마코토竹田 誠 박사, 가토 시게노리加藤 茂孝 박사, 나가사키 게이조長崎 慶三 박사, 마루야마 다다시丸山 正 박사, 오이시 가즈에大石 和惠 박사, 호리에 마사유키堀江 真行 박사에게 귀중한 조언과 최신 정보를 얻을 수 있었다. 후지유키 도모코藤幸 知子 박사는 문헌 수집을 도와주었다. 모든 분에게 깊은 감사의 말씀을 전한다.

특히 이치다 아사코 씨는 전체적으로 논지를 정리하고 독자가 이해하기 쉬운 표현으로 내 원고를 다듬어 주었다. 그녀와 주고받은 수많은 질의응답은 내게 신선한 자극이 되었다. 이 자리를 빌려 정말 감사하다고 전하고 싶다.

2018년 10월 1일

야마노우치 가즈야

참고문헌

제1장 ···신기하고도 이상한 삶과 죽음

(1) 山內一也《近代医学の先駆者　ハンターとジェンナー》岩波書店, 2015.

(2) Bazin, H.: Vaccination: a History. From Lady Montagu to Genetic Engineering. John Libbey Eurotext. 2011.

(3) 山內一也《史上最大の伝染病　牛疫──根絶までの四〇〇〇年》岩波書店, 2009.

(4) Norkin, L.: Mikhail Balayan and the bizarre discovery of hepatitis E virus. May 3, 2016.
https://norkinvirology.wordpress.com/2016/05/03/mikhail-balayan-and-thebizarre-discovery-of-hepatitis-e-virus/

(5) Balayan, M.S., Andjaparidze, A.G., Savinskaya, S.S. et al.: Evidence for a virus innon-A, non-B hepatitis transmitted via the fecal-oral route. *Intervirol.*, 20, 23-31,1983.

(6) Frazer, J.: Misery-inducing norovirus can survive for months — Perhaps year — in drinking water. *Sci. Amer.*, January 17, 2012.

(7) Kim, A.-N., Park, S.Y., Bae S.-C. et al.: Survival of norovirus surrogate on various food-contact surfaces. *Food Environ. Virol.*, 6, 182-188, 2014.

(8) 'Forgotten' NIH smallpox virus languishes on death row. *Nature*, 514, 544, 2014.

(9) Legendre, M., Bartoli, J., Shmakova, L. et al.: Thirty-thousand-year-old distantrelative of giant icosahedral DNA viruses with a pandoravirus morphology. *Proc. Natl. Acad. Sci.*, 111, 4274-4279, 2014.

(10) Legendre, M., Lartigue, A., Bertaux, L. et al.: In-depth study of Mollivirus sibericum, a new 30,000-y-old giant virus infecting Acan-

thamoeba. *Proc. Natl. Acad. Sci.*, 112, E5327-5335, 2015.

(11) Popgeorgiev, N., Michel, G., Lepidi, H. et al.: Marseillevirus adenitis in an 11-month-old child. *J. Clin. Microbiol.*, 51, 4102-4105, 2013.

(12) Luria, S.E.: Reactivation of irradiated bacteriophage by transfer of self-reproducing units. *Proc. Natl. Acad. Sci.*, 33, 253-264, 1947.

(13) Dulbecco, R.: A critical test of the recombination theory of multiplicity reactivation. *J. Bacteriol.*, 63, 199-207, 1952.

(14) Henle, W. & Liu, O.C.: Studies on host-virus interactions in the chick embryoinfluenza virus system. VI. Evidence for multiplicity reactivation of inactivated virus. *J. Exp. Med.*, 94, 305-322, 1951.

제2장 … 보이지 않는 바이러스의 흔적을 쫓아서

(1) Brock, T.D.: Robert Koch: A Life in Medicine and Bacteriology. ASM Press, 1999.

(2) Lustig, A. & Levine, A.J.: One hundred years of virology. *J. Virol.*, 66, 4629-4631, 1992.

(3) Bos, L.: Beijerinck's work on tobacco mosaic virus: historical context and legacy. *Phil. Trans. R. Soc. Lond. B*, 354, 675-685, 1999.

(4) Scholthof, K.B.: Making a virus visible: Francis O. Holmes and a biological assay for tobacco mosaic virus. *J. Hist. Biol.*, 47, 107-145, 2014.

(5) Creager, A.N.H.: The Life of a Virus: Tobacco Mosaic Virus as an Experimental Model, 1930-1965. University of Chicago Press, 2001.

(6) Fraenkel-Conrat, H. & Singer, B.: Virus reconstitution and the proof of the existence of genomic RNA. *Phil. Trans. R. Soc. Lond. B.*, 354, 583-586, 1999.

(7) 山内一也《どうする・どうなる口蹄疫》岩波書店, 2010.

(8) Schmiedebach, H.-P.: The Prussian State and microbiological re-

search-Friedrich Loeffl er and his approach to the "invisible" virus. *Arch. Virol.*, 15 (Suppl), 9-23,1999.

(9)   Wilkinson, L. & Waterson, A.P.: Th e development of the virus con-
cept as refl ected in corpora of studies on individual pathogens. 2.
Th e agent of fowl plague — A model virus? *Med. Hist.*, 19, 52-72,
1975.

(10)   山内一也〈インフルエンザウイルスを最初に発見した日本人科学者〉科
学, 81, No.8, 2011.

(11)   Smith, W.: Cultivation of the virus of influenza. *Br. J. Exp. Path.*, 16,
508-512,1935.

(12)   Armstrong,C.: Th e experimental transmission of poliomyelitis to
the Eastern cotton rat, Sigmodon hispidus hispidus. *Public Health Re-
port(1896-1970)*, 54, 1719-1721, 1939.

(13)   Eggers, H.J.: Milestones in early poliomyelitis research   (1840 to
1949). *J. Virol.*, 73, 4533-4535, 1999.

(14)   G・ウィリアムズ（永田育也, 蜂須賀養悦訳）《ウイルスの狩人》岩波書店,
1964.

(15)   山内一也, 三瀬勝利《ワクチン学》岩波書店, 2014.

(16)   Summers, W.C.: Félix d'Helle and the Origins of Molecular Biology.
Yale University Press, 1999.

(17)   Duckworth, D.H.: "Who discovered bacteriophage?" *Bact. Rev.* 40,
793-802, 1976.

(18)   E・ノルビー（井上栄訳）《ノーベル賞の真実　いま明かされる選考の裏面
史》東京化学同人, 2018.

(19)   トーマス・ホイスラー(長野敬, 太田英彦訳)《ファージ療法とは何か》青
土社, 2008.

(20)   Stent, G.S.: A short epistemology of bacteriophage multiplication.
Biophys. J., 2,13-23, 1962.

(21) Cairns, J., Stent, G.S., Watson, J.D. (eds.): Phage and the Origins of Molecular Biology. Cold Spring Harbor Laboratory Press, 1966.

(22) E·P·フィッシャー, C·リプソン(石館三枝子, 石館康平訳)《分子生物学の誕生　マックス·デルブリュックの生涯》朝日新聞社, 1993.

(23) Kruger, D.H., Schneck, P. & Gelderblom, H.R.: Helmut Ruska and the visualisation of viruses. Lancet, 355, 1713-1717, 2000.

(24) Lin, D.M., Koskella,B. & Lin, H.C.: Phage therapy: An alternative to antibiotics in the age of multi-drug resistance. *World J. Gastrointest. Pharmacol. Ther.,* 8, 162-173, 2017.

(25) Gilbert, N.: Four stories of antibacterial breakthroughs. *Nature*, 555, S5-S7, 2018. doi:10.1038/d41586-018-02475-3

(26) Sharma, M.: Lytic bacteriophages: Potential interventions against enteric bacterial pathogens on produce. *Bacteriophage*, 3 (2): e25518, 2013.

제3장 … 바이러스는 어디에서 오는가

(1) d'Hérelle F.: Th e bacteriophage : Its Role in Immunity (authorized translation by George H. Smith). Williams & Wilkins, 1922.

(2) Burnet, F.M.: Virus as Organism. Evolutionary and Ecological Aspects of Some Human Virus Diseases. Harvard Univ. Press, 1946.

(3) Forterre, P.: Origin of viruses. *In* Desk Encyclopedia of General Virology(Mahy, B.,van Regenmortel, M.H., eds.), 23-30, 2010.

(4) Holmes, E.C.: Virus evolution. *In* Fields Virology, 6th edition, pp. 286-313, 2013.

(5) Boyer, M., Madoui,M.-A., Gimenez, G. et al.: Phylogenetic and phyletic studies of informational genes in genomes highlight existence of a 4th domain of life including

giant viruses. *PLOS ONE*, 5(12): e15530. doi:10.1371/journal. pone.0015530, 2010.

(6) Benson, S.D., Bamford, J.K.H., Bamford, D.H. et al.: Viral evolution revealed by bacteriophage PRD1 and human adenovirus coat protein structures. *Cell*, 98, 825-833, 1999.

(7) Rice, G., Tang, L., Stedman, K. et al.: Th e structure of a thermophil- ic archaeal virus shows a double-stranded DNA viral capsid type that spans all domains of life. *Proc. Natl. Acad. Sci.*, 101, 7716-7720, 2004.

(8) Temin, H.M.: Th e protovirus hypothesis: speculations on the signifi cance of RNAdirected DNA synthesis for normal development and for carcinogenesis. *J. Natl. Cancer Inst.*, 46, 3-7, 1971.

(9) Forterre, P. & Krupovic, M.: The origin of virions and virocells: The escape hypothesis revisited. *In* Viruses: Essential Agents of Life (Witzany, G., ed.), Springer, 2012.

(10) Yutin, N., Wolf, Y.I. & Koonin, E.V.: Origin of giant viruses from smaller DNA viruses not from a fourth domain of cellular life. *Virolo- gy*, 466/467, 38-52, 2014.

(11) Schulz, F., Yutin, N., Ivanova, N.N. et al.: Giant viruses with an ex- panded complement of translation system components. Science, 356,82-85 2017.

(12) Colson, P., de Lamballerie, X., Fournous, G. et al.: Reclassifi cation of giant viruses composing a fourth domain of life in the new order Megavirales. *Intervirology*, 55, 321-332, 2012.

(13) Gilbert, C. & Feschotte, C.: Genomic fossils calibrate the long- term evolution of hepadnaviruses. *PLoS Biol.*, 8 (9): e1000495. doi:10.1371/ journal.pbio.1000495, 2010.

(14) Suh, A., Brosius, J., Schmitz, J. et al.: Th e genome of a Mesozoic paleovirus reveals the evolution of hepatitis B viruses. *Nat. Comm.*, 4,

1791, 2013.

(15) Krause-Kyora, B., Susat, J., Key, F.M. et al.: Neolithic and medieval virus genomes reveal complex evolution of hepatitis B. *eLife*, May 10; 7. pii: e36666. doi:10.7554/ eLife.36666, 2018.

(16) 飯田貴次, 佐野元彦〈コイヘルペスウイルス病〉ウイルス, 55, 145-151, 2005.

(17) Bower, S.M.: Synopsis of infectious diseases and parasites of commercially exploited shellfi sh: Herpes-type virus disease of oysters. 2016. [http://www.dfo-mpo.gc.ca/science/aah-saa/diseases-maladies/htvdoy-eng.html]

(18) McGeoch, D.J., Davison, A.J., Dolan, A. et al.: Molecular evolution of the herpesvirales. In Origin and Evolution of Viruses. 2nd edition. (Domingo,E., Parrish, C.R., Holland,, J.J., eds.), Academic Press, pp. 447-475, 2008.

(19) クリストファー・ゼクストン(丸田浩, モコミ・ラムゼイ, マーティン・ラムゼイ訳)《バーネット　メルボルンの生んだ天才》学会出版センター, 1995.

(20) E・ノルビー（井上栄訳)『ノーベル賞の真実　いま明かされる選考の裏面史』東京化学同人, 2018.

제4장 … 흔들리는 생명의 정의

(1) 川喜田愛郎《生物と無生物の間》岩波書店, 1956.

(2) Stanley, W.M.: On the nature of viruses, cancer, genes, and life–A declaration of dependence. *Proc. Amer. Philos. Soc.*, 101, 317-324, 1957.

(3) Villarreal, L.P.: Are viruses alive? *Sci. Amer.*, December, 77-81, 2004.

(4) E・P・フィッシャー, C・リプソン(石館三枝子, 石館康平訳)《分子生物学の誕生 マックス・デルブリュックの生涯》朝日新聞社, 1973.

(5) シュレーディンガー（岡小天，鎮目恭夫訳）《生命とは何か》岩波書店，2008.

(6) Lahav, N.: Biogenesis: Th eories of Life's Origin. Oxford University Press, 1999.

(7) Mullen, L.: Forming a defi nition for life: Interview with Gerald Joyce. *Astrobiology Magazine*, July 25, 2013.
[https://www.astrobio.net/origin-and-evolution-of-life/form-ing-a-defi nition-for-life-interview-with-gerald-joyce/]

(8) Trifonov, E.N.: Vocabulary of defi nitions of life suggests a defi nition. *J. Biomolecular Structure & Dynamics*, 29, 259-266, 2011.

(9) ニック・レーン（斉藤隆央訳）《生命、エネルギー、進化》みすず書房，2016.

(10) Zimmer, C.: A Planet of Viruses. University of Chicago Press, 2011.

(11) Forterre, P.: Microbes from Hell. University of Chicago Press, 2016.

(12) Schulz, F., Yutin, N., Ivanova, N.N. et al.: Giant viruses with an expanded complement of translation system components. *Science*, 356, 82-85, 2017.

(13) カール・R・ポパー（大内義一，森博訳）《科学的発見の論理》恒星社厚生閣，1971・1972.

(14) Raoult, D. & Forterre, P.: Redefi ning viruses: lessons from Mimivirus. *Nature Rev. Microbiol.*, 6, 315-319, 2008.

(15) Cello, J., Paul, A.V. & Wimmer, E.: Chemical synthesis of poliovirus cDNA: generation of infectious virus in the absence of natural template. *Science*, 297,1016-1018, 2002.

(16) Wimmer, E.: Th e test-tube synthesis of a chemical called poliovirus. *EMBO reports*, 7, 53-59, 2006.

(17) Callaway, E.: 'Minimal' cell raises stakes in race to harness synthetic life. *Nature*, 531, 557-558, 2016.

(18) Erez, Z., Steinberger-Levy, I., Shamir, M. et al.: Communication be-
tween viruses guides lysis-lysogeny decisions. *Nature*, 541, 488-493,
2017.

(19) Callaway, E.: Do you speak virus? Phages caught sending chem-
ical messages. *Nature News*, 18 January 2017. doi:10.1038/na-
ture.2017.21313

제5장 … 몸은 버리고 정보로 생존하다

(1) Temin, H.: Homology between RNA from Rous sarcoma virus and
DNA from Rous sarcoma virus-infected cells. *Proc. Natl. Acad. Sci.*, 52,
323-329, 1964.

(2) 水谷哲〈逆転写酵素の発見からノーベル賞受賞まで〉蛋白質 核酸 酵素,
39, 1686-1688, 1994.

(3) Weiss, R. A.: The discovery of endogenous retroviruses. *Retrovirology*,
3,67. doi:10.1186/1742-4690-3-67, 2006.

(4) Dewannieux, M. & Heidmann, T.: Endogenous retroviruses: acquisi-
tion, amplifi cation and taming of genome invaders. *Curr. Op. Virol.*,
3, 646-656, 2013.

(5) Katzourakis, A., Tristem, M., Pybus, O. G. et al.: Discovery and analy-
sis of the fi rst endogenous lentivirus. *Proc. Natl. Acad. Sci.*, 104, 6261-
6265, 2007.

(6) Belshaw, R., Katzourakis, A., Pačes, J. et al.: High copy number in
human endogenous retrovirus families is associated with copying
mechanisms in addition to reinfection. *Mol. Biol. Evol.*, 22, 814-817,
2005.

(7) Mi, S., Lee, X., Veldman, G. M. et al.: Syncytin is a captive retroviral
envelopeprotein involved in human placental morphogenesis. *Nature*,

403, 785-789, 2000.

(8) Santoni, F.A., Guerra, J. & Luban, J.: HERV-H RNA is abundant in humanembryonic stem cells and a precise marker for pluripotency. *Retrovirology*, 2012 Dec 20; 9:111. doi:10.1186/1742-4690-9-111

(9) Lu, X., Sachs, F., Ramsay, L. et al.: The retrovirus HERVH is a long noncoding RNA required for human embryonic stem cell identity. *Nature Struct. Mol. Biol.,* 21, 423-425, 2014.

(10) Young, G.R., Stoye, J.P. & Kassiotis, G.: Are human endogenous ret-roviruses pathogenic? An approach to testing the hypothesis. *Bioessays* 35, 794-803, 2013.

(11) Simmons, W.: The role of human endogenous retroviruses (HERV-K) in the pathogenesis of human cancers. *Mol. Biol.,* 5: 169, 2016. doi:10.4172/2168-9547.1000169.

(12) Palmarini, M., Mura, M. & Spencer, T.E.: Endogenous betaretrovi-ruses of sheep: teaching new lessons in retroviral interference and adaptation. *J. Gen. Virol.,* 85,1-13, 2004.

(13) Dunlap, K.A., Palmarini, M., Varela, M. et al.: Endogenous retrovi-ruses regulate periimplantation placental growth and diff erentiation. *Proc. Natl. Acad. Sci.,* 103, 14390-14395, 2006.

(14) Tarlinton, R.E., Meers, J. & Young, P.R.: Retroviral invasion of the koala genome. *Nature*, 442, 79-81, 2006.

(15) Ávila-Arcos, M.C., Ho, S.Y.W., Ishida, Y. et al.: One hundred twenty years of koala retrovirus evolution determined from museum skins. *Mol. Biol. Evol.,* 30, 299-304, 2013.

(16) Onions, D., Cooper, D.K.C., Alexander, T.J.L. et al.: An approach to the control of disease transmission in pig-to-human xenotransplanta-tion. *Xenotransplantation,* 7, 143-155, 2000.

(17) 山内一也《異種移植》河出書房新社, 1999.

(18) Yang, L., Güell, M., Niu, D. et al.: Genome-wide inactivation of por-
cine endogenous retroviruses(PERVs). *Science,* 350, 1101-1104, 2015.

(19) Niu, D., Wei, H.-J., Lin, L. et al.: Inactivation of porcine endoge-
nous retrovirus in pigs using CRISPR-Cas9. *Science,* Aug. 10, 2017.
doi:10.1126/sicence.aan4187, 2017.

(20) Horie, M., Honda, T., Suzuki, Y. et al.: Endogenous non-retroviral
RNA virus elements in mammalian genomes. *Nature,* 463, 84-87, 2010.

(21) Horie, M. & Tomonaga, K.: Non-retroviral fossils in vertebrate ge-
nomes. *Viruses,* 2011, 3, 1836-1848; doi:10.3390/v3101836.

(22) Fujino, K., Horie, M., Honda, T. et al.: Inhibition of Borna disease
virus replication by an endogenous bornavirus-like element in the
ground squirrel genome. *Proc. Natl. Acad. Sci.,* 111, 13175-13180, 2014.

(23) Belyi, V.A., Levine, A.J. & Skalka, A.M.: Unexpected inheritance:
Multiple integrations of ancient Bornavirus and Ebolavirus/Marburg-
virus sequences in vertebrate genomes. *PLoS Pathog,* 6 (7): e1001030.
doi:10.1371/journal. ppat.1001030. 2010.

(24) 黒木登志夫《がん遺伝子の発見》中央公論社, 1996.

제6장 ··· 때로는 파괴자가 수호자로

(1) Pierce, S.K., Curtis, N.E., Hanten, J.J. et al.: Transfer, integration and
expression of functional nuclear genes between multicellular species.
Symbiosis, 43, 57-64, 2007.

(2) Pierce,S.K, Fang, X., Schwartz, J.A. et al.: Transcriptomic evidence
for the expression of horizontally transferred algal nuclear genes
in the photosynthetic sea slug, Elysia chlorotica. *Mol. Biol. Evol.,* 29,
1545-1556, 2012.

(3) Bhattacharya,D., Pelletreau, K.N., Price,D.C. et al.: Genome analysis

of Elysia chlorotica egg DNA provides no evidence for horizontal gene transfer into the germ line of this kleptoplastic mollusc. *Mol. Biol. Evol.,* 30,1843-1852, 2013.

(4)   Pierce, S.K., Maugel, T.K., Rumpho, M.E. et al.: Annual viral expression in a sea slug population: Life cycle control and symbiotic chloroplast maintenance. *Biol. Bull.,* 197, 1-6, 1999.

(5)   Pierce, S.K., Mahadevan, P., Massey, S.E. et al.: A preliminary molecular and phylogenetic analysis of the genome of a novel endogenous retrovirus in the sea slug Elysia chlorotica. *Biol. Bull.,* 231, 236-244, 2016.

(6)   University of Cambridge: Darwin Correspondence Project. https://www.darwinproject.ac.uk/letter/DCP-LETT-2814.xml.

(7)   Webb, B.A., Strand, M.R., Dickey, S.E. et al.: Polydnavirus genomes refl ect their dual roles as mutualists and pathogens. *Virology,* 347, 160-174, 2006.

(8)   Edson, K.M., Vinson, S.B., Stolz, D.B. et al.: Virus in a parasitoid wasp: Suppression of the cellular immune response in the parasitoid's host. *Science,* 211, 582-583, 1981.

(9)   Whitfi eld, J.B.: Estimating the age of the polydnavirus/braconid wasp symbiosis. *Proc. Natl. Acad. Sci.,* 99, 7508-7513, 2002.

(10)   Xu, P., Liu, Y., Graham, R.I. et al.: Densovirus is a mutualistic symbiont of a global crop pest (Helicoverpa armigera) and protects against a baculovirus and Bt biopesticide. *PLoS Pathog.,* 10(10): e1004490. doi:10.1371/journal.ppat.1004490,2014.

(11)   Redman, R.S., Sheehan, K. B., Stout, R.G. et al.: Th ermotolerance generated by plant/fungal symbiosis. *Science,* 298, 1581, 2002.

(12)   Márquez, L.M., Redman, R.S., Rodriguez, R.J. et al.: A virus in a fungus in a plant: Three-way symbiosis required for thermal tolerance.

Science, 315, 513-515, 2007.

(13) Lesnaw, J.A. & Ghabrial, S.A.: Tulip breaking: Past, present, and future. Plant Dis., 84, 1052-1060, 2000.

(14) Dubos, R.J.: Tulipomania and the benevolent virus. *Vassar Quarterly,* Vol. XLIV, No.6., 1959.

(15) Dekker, E.L., Derks, A.F.L., Asjes, C.J. et al.: Characterization of potyviruses from tulip and lily which cause fl ower-breaking. *J. Gen. Virol.,* 74, 881-887, 1993.

(16) Th omas, K., Tompkins, D.M., Saisbury, A.W. et al.: A novel poxvirus lethal to red squirrels(Sciurus vulgaris). *J. Gen. Virol.,* 84, 3337-3341, 2003.

(17) Tompkins, D.M., Sainsbury, A.W., Nettleton, P. et al.: Parapoxvirus causes a deleterious disease in red squirrels associated with UK population declines. *Proc. R.Soc. Lond. B,* 269, 529-533, 2002.

(18) Toyoda, H., Hayakawa, T., Takamatsu, J. et al.: Eff ect of GB virus C/hepatitis G virus coinfection on the course of HIV infection in hemophilia patients in Japan. *J. Acquir. Immune Defic. Syndr. Hum. Retrovirol.,* 17, 209-213, 1998.

(19) Bagasra, O., Sheraz, M. & Pace, D.G.: Hepatitis G virus or GBV-C: A natural anti-HIV interfering virus. *In* Viruses: Essential Agents of Life (Witzany, G. ed.), pp.363-388, 2012.

(20) Bagasra.O., Bagasra, A.U., Sheraz, M. et al.: Potential utility of GB virus type C as apreventive vaccine for HIV-1. *Exp. Rev. Vaccines,* 11, 335-347, 2012.

(21) Wong, D.T., Mihm, M.C., Boyer, J.L. et al.: Historical path of discovery of viral hepatitis. *Harvard Med. Student Rev.,* issue 3, 18-36, 2015.

(22) 山内一也《ウイルス・ルネッサンス》東京化学同人, 2017.

제7장 ··· 상식을 뒤집은 바이러스들

(1) Forterre, P. : Microbes from Hell. University of Chicago Press, 2016.

(2) Prangishvili, D., Vestergaard, G., Häring, M. et al. : Structural and ge-
nomic properties of the hyperthermophilic archaeal virus ATV with
an extracellular stage of the reproductive cycle. *J.Mol. Biol.,* 359, 1203-
1216, 2006.

(3) Snyder, J.C., Bolduc, B., Young, M.J. : 40 Years of archaeal virology:
Expanding viral diversity. *Virology,* 479-480, 369-378, 2015.

(4) DiMaio, F., Yu, X., Rensen, E. et al. : Virology. A virus that infects a
hyperthermophile encapsidates A-form DNA. *Science,* 348, 914-917,
2015.

(5) Quemin, E.R.J., Lucas, S., Daum, B. et al. : First insights into the en-
try process of hyperthermophilic archaeal viruses. J. *Virol.,* 87, 13379-
13385, 2013.

(6) Kasson, P., DiMaio, F., Yu, X. et al. : Model for a novel membrane
envelope in a filamentous hyperthermophilic virus. *eLife* 2017; 6:
e26268. doi:10.7554/eLife.26268

(7) Quax, T.E.F., Lucasa, S., Reimann, J. et al. : Simple and elegant de-
sign of a virion egress structure in Archaea. *Proc. Natl. Acad. Sci.,* 108,
3354-3359, 2011.

(8) Raoult, D., La Scola, B. & Birtles, R. : The discovery and characteri-
zation of mimivirus, the largest known virus and putative pneumonia
agent. *Clin. Infect. Dis.,* 45, 95-102, 2007.

(9) Aherfi, S., Colson, P., La Scola, B. et al. : Giant viruses of amoebas:
An update. *Frontiers Microbiol.,* 7, 349, 2016.

(10) Aherfi , S., La Scola, B., Pagnier, I. et al. : Th e expanding family Mar-
seilleviridae. *Virology,* 466-467, 27-37, 2014.

(11) Colson, P., La Scola, B. & Raoult, D. : Giant viruses of amoebae as po-

tential human pathogens. *Intervirol.,* 56, 376-385, 2013.

(12) Cohen, G., Hoff art, L., La Scola, B. et al.: Ameba-associated keratitis, France. *Emerg. Infect. Dis.,* 17, 1306-1308, 2011.

(13) Saadi, H., Pagnier, I., Colson, P. et al.: First isolation of Mimivirus in a patient with pneumonia. *Clin. Infect. Dis.,* 57, e127-e134, 2013.

(14) Saadi, H., Reteno, D.-G.I., Colson, P. et al.: Shan virus: a new mimivirus isolated from the stool of a Tunisian patient with pneumonia. *Intervirol.,* 56, 424-429, 2013.

(15) Boughalmi, M., Pagnier, I., Aherfi , S. et al.: First isolation of a giant virus from wild Hirudo medicinalis leech: mimiviridae isolation in Hirudo medicinalis. *Viruses,* 5,2920-2930, 2013.

(16) Ortmann, A.C. & Suttle, C.A.: High abundances of viruses in a deep-sea hydrothermal vent system indicates viral mediated microbial mortality. *Deep Sea Res, Part I. Oceanogr. Res. Pap.,* 52, 1515-1527, 2005.

제8장 ··· 수중에 퍼지는 바이러스 세계

(1) Suttle, C.A.: Ecological, Evolutionary, and Geochemical Consequences of viral infection of cyanobacteria and eukaryotic algae. *In* Viral Ecology (Hurst, C.J., ed,Academic Press, pp. 248-296, 2000.

(2) Hobbie, J.E., Daley, R.J. & Jasper, S.: Use of nuclepore fi lters for counting bacteria by fl uorescence microscopy. *Appl. Environ. Microbiol.,* 33, 1225-1228, 1977.

(3) Bergh, O., Borsheim, K.Y., Bratbak, G. et al.: High abundance of viruses found in aquatic environments. *Nature,* 340, 467-468, 1989.

(4) Kepner, R.L., Jr., Wharton, R.A., Jr. & Suttle, C.A.: Viruses in Antarctic lakes.*Limnol. Oceanogr.,* 43, 1754-1761, 1998.

(5) Breitbart, M. & Rohwer, F.: Here a virus, there a virus, everywhere

the same virus? *Trends Microbiol.,* 13, 278-284, 2005.

(6)   Suttle, C. A.: Viruses in the sea. *Nature,* 437, 356-361, 2005.

(7)   外丸裕司, 白井葉子, 高尾祥丈ほか〈海水中のもっとも小さな生物因子 ― 水圏ウイルスの生態学―〉*Bull. Soc. Sea Water Sci.,* Jpn., 61, 307-315, 2007.

(8)   Bussaard, C. P. D.: Viral control of phytoplankton populations–a review. *J. Euk. Microbiol.,* 51, 125-138, 2004.

(9)   Fujimoto, A., Kondo, S., Nakao, R. et al.: Co-occurrence of Heterocapsa circularisquama bloom and its lytic viruses in Lake Kamo, Japan, 2010. *JARQ* 47, 329-338, 2013.

(10) Danovaro, R., Dell'Anno, A., Corinaldesi, C. et al.: Major viral impact on the functioning of benthic deep-sea ecosystems. *Nature,* 454, 1084-1087, 2008.

(11) Ortmann, A. C. & Suttle, C. A.: High abundances of viruses in a deep-sea hydrothermal vent system indicates viral mediated microbial mortality. *Deep Sea Res, Part I. Oceanogr. Res.* Pap., 52, 1515-1527, 2005.

(12) Anderson, R. A., Brazelton, W. J. & Baross, J. A.: Is the genetic landscape of the deep subsurface biosphere aff ected by viruses? *Frontiers Microbiol.,* 09 November 2011. doi:10.3389/fmicb.2011.00219

(13) He, T., Li, H. & Zhang, X.: Deep-sea hydrothermal vent viruses compensate for microbial metabolism in virus-host interactions. *mBio,* 8(4), e00893-17, 2017.

(14) Fuhrman, J. A.: Marine viruses and their biogeochemical and ecological effects. *Nature,* 399, 541-548, 1999.

(15) Jacquet, S. & Bratbak, G.: Effects of ultraviolet radiation on marine virusphytoplankton interactions. *FEMS Microbiol. Ecol.,* 44, 279-289, 2003.

(16) Williamson, S. J., Rusch, D. B., Yooseph, S. et al.: The Sorcerer II

global ocean sampling expedition: metagenomic characterization of viruses within aquatic microbial samples. *PLOS ONE*, 3: e1456, 2008.

(17) Karsenti, E., Acinas, S.G., Bork, P. et al.: A holistic approach to marine eco-systems biology. *PLOS Biol.*, 9: e1001177, 2011.

(18) Zimmer, C.: Scientists map 5,000 new ocean viruses. *Quanta Magazine*, May 21, 2015.

(19) Brum, J.R., Ignacio-Espinoza, J. C., Roux, S. et al.: Patterns and ecological drivers of ocean viral communities. *Science*, 348, doi:10.1126/science.1261498, 2015.

(20) Roux, S., Brum, J.R., Dutilh, B.E. et al.: Ecogenomics and potential biogeochemical impacts of globally abundant ocean viruses. *Nature*, 537, 689-693, 2016.

(21) Hingamp, P., Grimsley, N., Acinas, S.G. et al.: Exploring nucleo-cytoplasmic large DNA viruses in Tara Oceans microbial metagenomes. *ISME J.* 7, 1678-1695, 2013.

(22) Barrangou, R., Fremaux, C., Deveau, H. et al.: CRISPR provides acquired resistance against viruses in prokaryotes. *Science,* 315, 1709-1712, 2007.

(23) ジェニファー・ダウドナ, サミュエル・スターンバーグ(櫻井祐子訳)《クリスパーCRISPR 究極の遺伝子編集技術の発見》文藝春秋, 2017.

제9장 … 인간 사회에서 쫓겨난 바이러스들

(1) Hendrickson, R.C., Wang, C., Hatcher, E.L. et al.: Orthopoxvirus genome evolution: Th e role of gene loss. *Viruses*, 2, 1933-1967, 2010.

(2) Babkin, I. V. & Babkina, I.N.: The origin of the variola virus. *Viruses* 2015, 7, 1100-1112; doi:10.3390/v7031100

(3) Duggan, A.T., Perdomo, M.F., Piombino-Mascali, D. et al.: 17th century variola virus reveals the recent history of smallpox. *Curr. Biol.*, 26, 3407-3412, 2016.

(4) 山内一也《近代医学の先駆者　ハンターとジェンナー》岩波書店, 2015.

(5) Tulman, E.R., Delhon, G., Afonso, C.L. et al.: Genome of horsepox virus. J. *Virol.*,80, 9244-9258, 2006.

(6) Damaso, C.: Revisiting Jenner's mysteries, the role of the Beaugency lymph in the evolutionary path of ancient smallpox vaccines. *Lancet Infect. Dis.*, 2018 Feb; 18(2): e55-e63. doi:10.1016/ S1473-3099(17) 30445-0

(7) Schrick, L., Tausch, S.H., Dabrowski, P.W. et al.: An early American smallpox vaccine based on horsepox. *N. Engl. J. Med.*, 377: 1491-1492, 2017.

(8) Rimoin, A.W., Mulembakani, P.M., Johnson, S.C. et al.: Major increase in human monkeypox incidence 30 years after smallpox vaccination campaigns cease in the Democratic Republic of Congo. *Proc. Natl. Acad. Sci.*, 107, 16262-16267, 2010.

(9) Learned, L.A., Reynolds, M.G., Wassa, D.W. et al.: Extended interhuman transmission of monkeypox in a hospital community in the Republic of Congo, 2003. *Am. J. Trop. Med. Hyg.*, 73, 428-434, 2005.

(10) Kugelman, J.R., Johnston, S.C., Mulembakani, P.M. et al.: Genomic variability of monkeypox virus among humans, Democratic Republic of the Congo. *Emerg. Infect. Dis.*, 20, 232-239, 2014.

(11) Noyce, R.S., Lederman, S. & Evans, D.H.: Construction of an infectious horsepox virus vaccine from chemically synthesized DNA fragments. *PLOS ONE*, 13(1): e0188453. doi:10.1371/journal. pone.0188453. 2018.

(12) Kupferschmidt, K.: How Canadian researchers reconstituted an extinct poxvirus for $100,000 using mail-order DNA. *Science*, Jul. 6, 2017. doi:10.1126/science. aan7069

(13) Editorial: Th e spectre of smallpox lingers. *Nature*, 560, 281, 2018.

(14) Henderson, D. A.: Smallpox. Th e Death of a Disease. Prometheus Books, 2009.

(15) Tucker, J. B.: Scourge. Th e Once and Future Th reat of Smallpox. Atlantic Monthly Press, 2001.

(16) 山内一也, 三瀬勝利《忍び寄るバイオテロ》日本放送出版協会, 2003.

(17) Furuse, Y., Suzuki, A. & Oshitani, H.: Origin of measles virus: divergence from rinderpest virus between the 11th and 12th centuries. *Virol. J.*, 7: 52. doi:10.1186/ 1743-422X-7-52, 2010.

(18) 三井駿一〈麻疹の歴史〉《麻疹・風疹》(奥野良臣, 高橋理明編) 朝倉書店, 1969.

(19) 野崎千佳子〈天平七年・九年に流行した疫病に関する一考察〉法政史学, 53, 35-49, 2000.

(20) 山内一也《はしかの脅威と驚異》岩波書店, 2017.

(21) Cliff , A., Haggett, P. & Smallman-Raynor, M.: Measles: An Historical Geography of a Major Human Viral Disease from Global Expansion to Local Retreat, 1840-1990. Blackwell, 1993.

(22) マイケル・B・A・オールドストーン (二宮陸雄訳)《ウイルスの脅威》岩波書店, 1999.

(23) Tahara, M., Bückert, J.-P., Kanou, K. et al.: Measles virus hemagglutinin protein epitopes: the basis of antigenic stability. Viruses, 8, 216; doi:10.3390/v8080216, 2016.

(24) Drexler, J. F., Corman, V. M., Muller, M. A. et al.: Bats host major mammalian paramyxoviruses. *Nature Comm.*, 3, 796, doi:10.1038, 2012.

(25) 山内一也《史上最大の伝染病 牛疫——根絶までの四〇〇〇年》岩波書店,

2009.

(26) 山内一也〈歴史的写真から振り返る中村□治博士と牛疫 ②〉日生研たよ
    り, 62 (1), 二〇一六年. [http://nibs.lin.gr.jp/pdf/Letter596.pdf]

(27) Cheng, S.C. & Fischman, H.R.: Lapinized rinderpest vaccine. *In* Rin-
    derpest Vaccines. Their production and use in the fi eld. Food and
    Agriculture Organization of the United Nations. pp. 47-63, 1949.

(28) Pasquinucci, G.: Possible eff ect of measles on leukaemia. *Lancet*,
    1971; 1, 136.

(29) Zygiert, Z.: Hodgkin's disease: Remissions after measles. *Lancet*,
    1971; 1, 593.

(30) Fujiyuki, T., Yoneda, M., Amagai, Y. et al.: A measles virus selectively
    blind to signaling lymphocytic activation molecule shows anti-tumor
    activity against lung cancer cells. *Oncotarget*, 6, 24895-24903, 2015.

(31) Robinson, S. & Galanis, E.: Potential and clinical translation of onco-
    lytic measles viruses. *Exp. Opin. Biol. Ther.*, 17, 353-363, 2017.

제10장 ··· 인간의 몸속에 사는 바이러스들

(1) Wertheim, J.O., Smith, M.D., Smith, D.M. et al.: Evolutionary origins
    of human herpes simplex viruses 1 and 2. *Mol. Biol. Evol.*, 31, 2356-
    2364, 2014.

(2) Underdown, S.J., Kumar, K. & Houldcroft, C.: Network analysis of
    the hominin origin of herpes simplex virus 2 from fossil data. *Virus
    Evolution*, 3 (2): vex 026. doi:10.1093/ve/vex026. 2017.

(3) Eschleman, E., Shahzad, A. & Cohrs, R.J.: Varicella zoster virus laten-
    cy. *Future Virol.*, 6, 341-355, 2011.

(4) Weller, T.H.: Historical perspective. *In* Varicella-zoster Virus: Virol-
    ogy and Clinical Management (Arvin, A.M. & Gershon, A.A., eds.),

Cambridge Univ. Press, pp. 9-24, 2000.

(5)　Grose, C.: Pangaea and the out-of- Africa model of varicella-zoster virus evolution and phylogeography. *J. Virol.*, 86, 9558-9565, 2012.

(6)　Crawford, D.H., Rickinson, A. & Johannessen, I.: Cancer Virus. The Story of Epstein-Barr Virus. Oxford Univ. Press, 2014.

(7)　Sutton, R.N.P.: Th e EB virus in relation to infectious mononucleosis. *J. Clin. Path.*, 25, Suppl. 6, 58-64, 1972.

(8)　Longnecker, R.M., Kieff , E. & Cohen, J.I.: Epstein-Barr virus. *In* Fields Virology, 6th edition, Wolters Kluwer, Lippincott Williamas & Wilkins, pp. 1898-1959, 2013.

(9)　Harley, J.B., Chen, X., Pujato, M. et al.: Transcription factors operate across disease loci, with EBNA2 implicated in autoimmunity. *Nature Genetics*, 50. doi:10.1038/s41588-018-0102-3, 2018.

(10)　Avert: History of HIV and AIDS overview. 2018. [https://www.avert. org/professionals/history-hiv-aids/overview]

(11)　GBD 2015 HIV Collaborators: Estimates of global, regional, and national incidence, prevalence, and mortality of HIV, 1980-2015: The global burden of disease study 2015. *Lancet HIV*, 2016 Aug;3(8): e361-e387. doi:10.1016/S2352-3018(16)30087-X.

(12)　Nordling, L.: South Africa ushers in a new era for HIV. *Nature*, 535, 214-217, 2016.

(13)　Global AIDS update 2017. Ending AIDS: Progress towards the 90-90-90 targets. [http://www.unaids.org/en/resources/campaigns/globalAIDSupdate2017]

(14)　Zhang, T., Breitbart, M., Lee, W.H. et al.: RNA viral community in human feces: Prevalence of plant pathogenic viruses. *PLoS Biol.* 4 (1): e3. 2006.

(15)　Manrique, P., Bolduc, B., Walk, S.T. et al.: Healthy human gut phageome. *Proc. Natl. Acad. Sci.*, 113, 10400-10405, 2016.

(16) Foulongne, V., Sauvage, V., Hebert, C. et al.: Human skin microbiota: High diversity of DNA viruses identified on the human skin by high throughput sequencing. *PLOS ONE*, 7(6): e38499. 2012.

(17) Moustafa, A., Xie, C., Kirkness, E. et al.: Th e blood DNA virome in 8,000 humans. *PLoS Pathog.* 13(3): e1006292, 2017.

(18) Barr, J.J.,Auro, R., Furlan, M. et al.: Bacteriophage adhering to mucus provide a non-host-derived immunity. *Proc. Natl. Acad. Sci.*, 110, 10771-10776, 2013.

11장 ··· 격동의 환경에서 사는 바이러스

(1) Meng, X.J.: Emerging and re-emerging swine viruses. *Transbound. Emerg. Dis.*, 59(Suppl. 1), 85-102, 2012.

(2) 山根逸郎 〈日本の豚繁殖・呼吸障害症候群(PRRS)による経済的被害の現状〉日獣会誌, 63, 413-416, 2010.

(3) Plagemann, P.G.W.: Porcine reproductive and respiratory syndrome virus: Origin hypothesis. *Emerg. Infect. Dis.*, 9, 903-908, 2003.

(4) Plain, R.: Th e U.S. swine industry: Where we are and how we got here. *J. Anim. Sci.* 79 (Suppl. 1):98, 2001.

(5) Parrish, C.R.: Host range relationships and the evolution of canine parvovirus. *Vet. Microbiol.*, 69, 29-40, 1999.

(6) Hoelzer, K. & Parrish, C.R.: Th e emergence of parvoviruses of carnivores. *Vet. Res.*,41, 39, 2010.

(7) Gardner, M.B.: Th e history of simian AIDS. *J. Med. Primatol.*, 25,148-157, 1996.

(8) Apetrei, C., Lerche, N.W., Pandrea, I. et al.: Kuru experiments triggered the emergence of pathogenic SIVmac. *AIDS*, 20, 317-321, 2006.

(9) Hulse-Post, D. J, Sturm-Ramirez, K. M., Humberd, J. et al.: Role of domestic ducks in the propagation and biological evolution of highly pathogenic H5N1 infl uenza viruses in Asia. *Proc. Natl. Acad. Sci.*, 102, 10682-10687, 2005.

(10) Ito, T., Okazaki, K. Kawaoka, Y. et al.: Perpetuation of influenza A viruses in Alaskan waterfowl reservoirs. *Arch. Virol.*, 140, 1163-1172, 1995.

(11) Shi, M., Lin, X.-D., Chen, X. et al.: Th e evolutionary history of vertebrate RNA viruses. *Nature*, 556, 197-202, 2018.

(12) Gilbert, M., Xiao, X. & Robinson, T. P.: Intensifying poultry production systems and the emergence of avian infl uenza in China: a 'One Health/Ecohealth' epitome. *Arch. Publ. Hlth.*, 75: 48. doi:10.1186/s13690-017-0218-4, 2017.

(13) 清水悠紀臣〈日本における豚コレラの撲滅〉動衛研研究報告, 119, 1-9, 2013.

(14) 山内一也《どうする・どうなる口蹄疫》岩波書店, 2010.

(15) Brown, V. R. & Bevins, S. N.: A review of classical swine fever virus and routes of introduction into the United States and the potential for virus establishment. *Front. Vet. Sci.*, 05 March 2018. doi: org/10.3389/fvets.2018.00031

(16) Rossi, S., Staubach, C., Blome, S. et al.: Cotrolling of CSFV in European wild boar using oral vaccination: *a review. Front. Microbiol.*, 6, 23 Oct. 2015. doi:10.3389/fmicb.2015.01141

에필로그

(1) Basu, R. & Tumban, E.: Zika virus on a spreading spree: what we now know that was unknown in the 1950's. *Virology J.*, 13: 165, 2016.

(2) Tang, H., Hammack, C.: Ogden, S.C. et al.: Zika virus infects human cortical neural progenitors and attenuates their growth. *Cell Stem Cell*, 18, 587-590, 2016.

(3) Nguyen, S.M., Antony, K.M., Dudley, D.M. et al.: Highly effi cient maternal-fetal Zika virus transmission in pregnant rhesus macaques. *PLoS Pathog.*, 13(5): e1006378, 2017.

(4) Martines, R.B., Bhatnagar, J., de Oliveira Ramos, A. et al.: Pathology of congenital Zika syndrome in Brazil: a case series. *Lancet*, 388, 898-904, 2016.

(5) Yuan, L., Huang, X.-Y., Liu, Z.-Y. et al.: A single mutation in the prM protein of Zika virus contributes to fetal microcephaly. *Science*, 358, 933-936, 2017.

(6) Barrett, A.D.T.: Current status of Zika vaccine development: Zika vaccines advance into clinical evaluation. *Npj Vaccines*, 3: 24; doi: 10.1038/s41541-018-0061-9, 2018.

(7) O'Neill, S.: Th e dengue stopper. *Sci. Amer.*, 312, 72-77, 2015.

(8) Fraser, J.E., De Bruyne, J.T., Iturbe-Ormaetxe, I. et al : Novel Wol-bachiatransinfected Aedes aegypti mosquitoes possess diverse fitness and vector competence phenotypes. *PLoS Pathog.*, 13(12): e1006751, 2017.

(9) Phuc, H.K., Andreasen, M.H., Burton, R.S., et al.: Late-acting domi-nant lethal genetic systems and mosquito control. *BMC Biology*, 5, 11, 2007.

(10) Esvelt, K. M., Smidler, A. L., Catterucia, F. et al.: Concerning RNA-guided gene drives for the alteration of wild populations. *eLife*, doi:10.7554/eLife.03401, 2014.

조용한 공포로 다가온 바이러스

초판 1쇄 발행   2020년 07월 25일

지은이   야마노우치 가즈야
옮긴이   오시연
발행인   곽철식

책임편집 이소담
디자인   박영정
펴낸곳   다온북스
인쇄   영신사

출판등록   2011년 8월 18일 제311-2011-44호
주소   서울시 마포구 토정로 222, 한국출판콘텐츠센터 313호
전화   02-332-4972   팩스   02-332-4872
전자우편   daonb@naver.com

ISBN 979-11-90149-36-5   (03470)

이 도서의 국립중앙도서관 출판예정도서목록(CIP)은 서지정보유통지원시스템
홈페이지(http://seoji.nl.go.kr)와 국가자료공동목록시스템(http://www.nl.go.kr/kolisnet)에서
이용하실 수 있습니다.(CIP제어번호:CIP2020028078)

다온북스는 독자 여러분의 아이디어와 원고 투고를 기다리고 있습니다.
책으로 만들고자 하는 기획이나 원고가 있다면, 언제든 다온북스의 문을 두드려 주세요.

하이픈은 다온북스의 브랜드입니다.